普通高等教育“十三五”规划教材

计算物理的 MATLAB 解法与可视化

唐 炼 赵 昆 主编

中国石化出版社

内容提要

本书从计算物理学包含的物理问题的数值计算和数值模拟两个方面出发，介绍了线性方程组的数值解法，实验数据的插值和拟合，并在此基础上，主要讲述了有限差分法和有限元素法的数值求解方法。所有的计算过程，全部采用MATLAB语言进行编程计算，给出了源程序，并利用MATLAB软件所提供的图形技术，将部分计算结果用图形表现出来，使一些抽象、难懂的内容变得生动形象，加深了学生对相关概念和理论的理解和掌握，提高了计算机编程和应用的能力。

本书适合于作为石油高等院校物理专业的研究生和物理类高年级本科生教材。对于其他相近专业的科技工作者也具有一定的参考价值。

图书在版编目(CIP)数据

计算物理的MATLAB解法与可视化／唐炼，赵昆主编.
—北京：中国石化出版社，2016.2(2025.8重印)
ISBN 978-7-5114-3830-0

Ⅰ.①计… Ⅱ.①唐… ②赵… Ⅲ.①Matlab软件-应用-物理学-数值计算-计算方法-高等学校-教材
Ⅳ.①0411

中国版本图书馆CIP数据核字(2016)第023912号

中国石化出版社出版发行
地址:北京市东城区安定门外大街58号
邮编:100011 电话:(010)57512500
发行部电话:(010)57512575
http://www.sinopec-press.com
E-mail:press@sinopec.com
北京捷迅佳彩印刷有限公司印刷
全国各地新华书店经销
*
787×1092毫米 16开本 9.75印张 224千字
2016年3月第1版 2025年8月第2次印刷
定价:30.00元

前言

计算物理学是以计算机及计算机技术为工具和手段，运用计算数学的方法，解决复杂物理问题的一门应用科学。它是一门新兴的边缘科学，随着计算机的出现和发展而逐步形成的物理学的一个分支，是物理学、数学、计算机科学三者相结合的产物。

计算物理借助于计算机进行计算与研究。它涉及建立模型、选择计算方法、用语言编程以及结果分析。这个系统过程缺一不可，只有掌握了这四个方面的技能，才能独立地完成任务。而在这四个方面中，利用计算机语言编程计算是大多数学生学习该课程时遇到的主要问题。本书利用目前应用较广的 MATLAB 作为编程语言，因为它具有“入门就能用”的特点，同时还具有强大的计算功能和可视化的仿真环境，可解决学生编程难的问题，又可利用它所提供的图形技术，将计算物理枯燥乏味公式中的物理图像展现出来，使一些抽象、难懂的内容变得生动形象，从而提高学生的学习兴趣，显著改善教学效果。

考虑到研究生的基础和特点，在本书中，首先对 MATLAB 语言进行了简单介绍，并在此基础上，介绍了线性方程组的数值解法及实验数据的插值和拟合，所有的计算过程全部用 MATLAB 编程进行计算，并且给出所有的计算源程序，使学生在较短时间内熟悉 MATLAB 编程的基本方法；然后详细介绍了有限差分和有限元两种常用数值法的基本原理、网格划分、数据离散、方程求解和实际应用，整个计算过程全部用 MATLAB 编程进行，实现了用计算机完全取代手工计算，为学生今后从事有关的数值计算工作打下良好的基础。

本书由唐炼、赵昆主编，第一章、第二章由赵昆编写，第三章～第五章由唐炼编写。在本书的编写过程中，得到了中国石油大学理学院物理系各位老师的支持和帮助，在此表示衷心的感谢。限于编者的水平和能力，书中难免存在缺点和错误，敬请读者批评指正。

目　录

第一章　MATLAB 简介

MALAB 是 MathWorks 公司于 1982 年推出的一套高性能数值计算的可视化软件，它集数值分析、矩阵计算、信号处理和图形显示于一体，构成一个使用方便、界面友好的用户环境。在这种环境下，用户只需要简单地列出数学表达式，结果便以数值或图形的方式显示在计算机屏幕上，用户也可以将结果保存在文件中。

MALAB 的名称源自 Matrix Laboratory，是一门计算语言。MALAB 将计算与可视化集成到一个灵活的计算机环境中，并提供了大量的内置函数，可以在广泛的工程问题中直接调用这些函数获得数值解。MALAB 有许多工具箱，这些工具箱成为一些领域的实用工具。MALAB 具有如下特点：

1. 易学习性

MALAB 语言不要求用户有较高深的数学和程序语言知识，不需要用户深刻了解算法及编程技巧。用户只需输入求解问题的数学表达式，就能得到计算结果。MALAB 既是一种编程环境，又是一种程序设计语言。这种语言同高级程序语言(如 C、Fortran)一样，有其特定的语法规则，但它的规则更接近于数学表示，因而使用起来更为方便。

2. 实用方便性

MALAB 包含了被称作 Toolbox(工具箱)的各类问题求解工具，它实际上是对 MALAB 进行扩展应用的一系列 MALAB 函数(称作 M 文件)。利用工具箱可以解特定学科的问题，如线性规划、信号处理、小波分析等。

3. 易扩展性

MALAB 允许用户建立指定功能的 M 文件，从而可以产生特定功能的工具箱。用户不仅可以使用 MALAB 提供的函数及基本工具箱函数，而且可以方便地编写出专用函数，因此大大扩展了 MALAB 的应用范围。

4. 先进的可视化工具

MALAB 提供了强大的、交互式的二维和三维绘图功能，可使用户创建富有表现力的彩色图形。

第一节　MATLAB 的窗口

一、启动与退出

在 Windows 平台启动 MATLAB(以 7.0 版为例)可以选择“开始→程序→MATLAB7.0→

MATLAB7.0"命令或双击在安装时在操作系统桌面创建的快捷方式。启动后会出现如图 1-1 所示的桌面，桌面上包含一些 MATLAB 工具。MATLAB 是一种指令式语言，用户可以通过界面、指令改变初始化设置。退出 MATLAB 只需单击"关闭"按钮，也可以在命令窗键入 quit 或 exit。

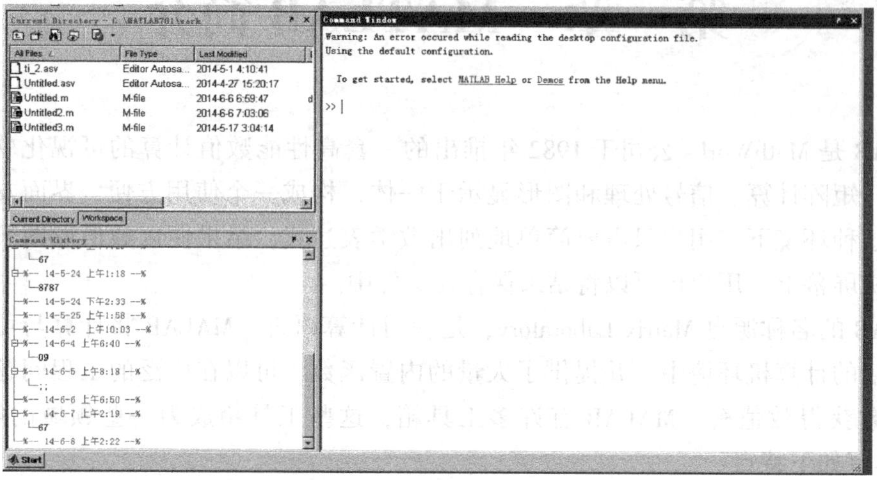

图 1-1　MATLAB 桌面

二、命令窗口(Command Window)的使用

在 MATLAB 的命令窗口直接输入命令，再按[Enter]键则运行并显示相应的结果。

直接在 Command Window 上输入 2 * 3，则按下[Enter]键会得出计算结果。

程序设计及运行结果如图 1-2 所示。

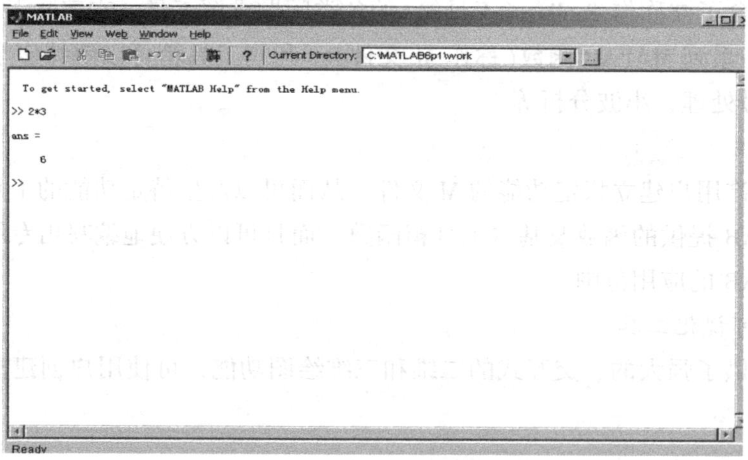

图 1-2　程序设计及运行结果

程序说明：

(1) 在窗口中，">>"是 MATLAB 的提示符号。

(2) 在程序中，"%"后的语句为注释行。

(3) ans 是系统自动给出的，代表 MATLAB 运算后的答案(Answer)，除了便于区别运算结果外，还可以作变量用。

三、若干通用操作指令

MATLAB 除可以通过菜单对工作窗口进行操作外，也可以通过键盘输入指令进行操作，下面列出一些通用操作指令：

quit：关闭 MATLAB。

clear：清除内存中的变量。

cla：清除坐标。

clf：清除图形。

clc：清除 MATLAB 命令窗口中的所有显示内容。

dir：列出指定目录下的文件和子目录。

cd：改变当前工作目录。

disp：运行时显示变量和文字内容。

type：显示指定文件的内容。

hold：控制当前图形窗口不被删除。

四、快捷键的使用

为了使用方便，我们常用快捷键进行操作。常用的快捷键有：

Page Up：向上翻页。

Page Down：向下翻页。

Ctrl+Home：光标返回页首。

Ctrl+End：光标返回页尾。

Ctrl+C：复制。

Ctrl+V：粘贴。

Ctrl+Q：退出 MATLAB。

↑：显示上一次输入的命令。

↓：显示下一次输入的命令。

←：光标左移。

→：光标右移。

第二节　MATLAB 的基本语法

一、MATLAB 的变量和表达式

（1）变量名命名规则：

① 可以是字母、数字或下划线，但第一个字符必须是字母。

② 长度<=31。

③ 分辨大小写的，M 和 m 是两个变量。

④ 无须对变量的类型进行说明，当需要使用一个新变量时，只须直接对其赋值即可。

(2) 表达式则是由运算符、函数调用、变量名以及特殊字符组成的式子。

(3) MATLAB 中基本的赋值语句为：

① 形式一：变量名=表达式

将表达式的结果赋给变量名(表达式的运算结果都是一个矩阵)。

② 形式二：表达式

计算表达式的值，将其值赋给 MATLAB 的永久变量 ans。

上面两种形式，当表达式由分号“;”结束时，变量结果不显示。当表达式由逗号“,”或换行号结束，则将结果显示出来。

注意：

① MATLAB 中有几个变量不能被 clear 清除，称永久变量(其他变量名最好不要与此相同)。即

ans：当不指明某一语句的计算结果赋给哪个变量时，系统自动将该计算结果赋给 ans；

eps：计算机能产生的绝对值最小的浮点数；

i，j：虚数单位，即-1 的平方根；

inf，Inf：正无穷大；

nan，NaN：非数，常产生于 0/0 等运算；

pi：圆周率。

② 如果表达式的值太复杂，一行写不下，可以加上“…”回车，然后接下去再写。如：

sum=1+2+3+4+5+6+7+8+9+10+11+12+13+14+15+16+17+18+19+20…

(4) 字符串与字符串变量：

MATLAB 可将字符串当作数组或矩阵处理。在 MATLAB 中，字符串用单引号括起来，如：

例　R=‘computer’

输出结果是：　R=computer

字符串存储在行向量中，每个元素对应一个字符，向量的值为字符对应的 ASCII 码值。

二、矩阵

1. 在 MATLAB 中创建矩阵的原则

(1) 矩阵元素必须写在“[　]”内；

(2) 矩阵的同一行之间用空格或“,”分隔；

(3) 矩阵的行与行之间用分号或回车符分隔；

(4) 矩阵的尺寸不必预先定义；

(5) 矩阵元素可以是数值、变量、表达式或函数。

2. 创建矩阵的四种方法

(1) 在命令窗口直接输入:

如输入:A=[1, 2, 3; 4, 5, 6; 7, 8, 9]

则显示:A =

```
1  2  3
4  5  6
7  8  9
```

也可用空格代替逗号,用回车代替分号:

如上例:
```
A=[1  2  3
   4  5  6
   7  8  9]
```

则显示:
```
A=1  2  3
  4  5  6
  7  8  9
```

(2) 由 M 文件创建矩阵:

有时编程需要用 M 文件创建矩阵。或者当矩阵尺寸较大时,可以按矩阵的输入方式编辑一个 M 文件(可用循环程序来做),在命令窗口直接执行该文件,即可将矩阵调入工作空间。

(3) 由函数创建矩阵:

对于一些特殊的矩阵,可以利用 MATLAB 的内部函数或用户自定义函数创建矩阵。

如 diag( ) 函数可生成对角阵。

(4) 通过数据文件创建矩阵:

save 文件名　　(其中,文件名是 *. mat 文件)

load 文件名　例:工作目录下有 asdf. mat 文件,可以执行 load asdf

3. 复数矩阵表示

(1) 复数表示:

复数的虚根单位用 i,j 表示,即:z=3+4i 或 z=3+4j.

例如 输入 z=3+4i　　　　　　　　输入 z=3+4j

得到:　　　　　　　　　　　　　得到:

z=3. 0000+4. 0000i　　　　　　　z=3. 0000+4. 0000

(2) 复数矩阵:

A=[1 2; 3 4]+i*[5 6; 7 8]　或者 A=[1+5i 2+6i; 3+7i 4+8i],都得到:

```
A=1.0000+5.0000i   2.0000+6.0000i
  3.0000+7.0000i   4.0000+8.0000i
```

4. 向量

向量是 1×N 的特殊矩阵,即只有一行或者一列,称为 N 维向量。

5. 向量的点积与叉积

点积：dot(A，B)

叉积：cross(A，B)

三、MATLAB 的初等运算

(1) 矩阵运算符：

A’——矩阵 A 的转置，如果 A 是复矩阵，则其运算结果是共轭转置；

A+B——矩阵的加运算，

A-B——矩阵的减运算，

A * B——矩阵相乘，A 的列数与 B 的行数相等，即 A 和 B 矩阵维数相容，维数不相容是不可乘的。

B/A——方程 X * A=B 的解，即 $X=B*A^{-1}$。称矩阵的右除。

A \ B——方程 A * X=B 的解，即 $X=A^{-1}*B$。称矩阵的左除。

矩阵的除法，其意义相当于矩阵的求逆运算。左除与右除的关系为：b/a=(a' \ b')'。

A^B——矩阵的乘方。

A. * B——矩阵的点乘运算，表示 A 和 B 阵的对应元素直接相乘，A 和 B 要有相同的维数。

点运算在 MATLAB 中起重要的作用，如 X 是一个向量，则求取 X^2 时不能直接写成 X * X，而必须写成 X. * X。

A. \ B，A. /B——矩阵的点除运算，表示 A 和 B 阵的对应元素直接相除，A 和 B 要有相同的维数。

A. ^B——矩阵的点乘方，表示要对其元素逐一进行幂运算。

(2) 关系运算符：

MATLAB 中提供了 6 种关系运算符，用于比较两个同维数的矩阵：

<小于	<=小于或等于
>大于	>=大于或等于
==等于	~=不等于

关系运算符可以用于检查矩阵的元素是否满足某些条件。两个同维数的矩阵比较的结果是与它们同维数的 0、1 矩阵，1 表示结果为真，0 表示结果为假。

(3) 逻辑运算符：

在 MATLAB 中，逻辑运算符有 3 种。

- & 逻辑与。当运算双方对应元素都为非零时；结果为 1，否则，结果为 0。
- | 逻辑或。当运算双方对应元素有一个为非零时；结果为 1，否则，结果为 0。
- ~逻辑非。当元素的值为 0 时，结果为 1，否则，结果为 0。

例 1-1　a=[1 0 3；0 -1 6]，b=[-1 0 0；0 5 0.3]，计算两矩阵对应元素的逻辑关系。

>> a&b	>> a | b	>> ~a	>> ~b
ans =	ans =	ans =	ans =
1 0 0	1 0 1	0 1 0	0 1 1
0 1 1	0 1 1	1 0 0	1 0 0

(4) 特殊运算符：

在 MATLAB 中，有一些特殊的符号，具有特殊的意义。

① 在 MATLAB 的 M 文件中，可以加入解释行，解释行的标识符为："%"，该符号后面的内容将作为注释内容。

② 行分隔符：";"用在 MATLAB 语句后，用它时执行结果不显示，可避免显示一些不用的结果。

③ 冒号运算符":"最主要的作用是生成向量。如：

j : k——生成向量 [j, j+1, j+2, …, k]

A(:, j)——矩阵 A 的第 j 列

A(i, :)——矩阵 A 的第 i 行

A(j : k)——生成向量 A（A 为向量时，为 A 的第 j 到第 k 个元素；当 A 为矩阵时，为 A 的按列数的第 j 到第 k 个元素）

④ MATLAB 中允许对一个矩阵的单个元素进行赋值，如：

A = 1 2 3
  4 5 6
  7 8 9

当执行 A(2, 3) = 100，则显示：

A = 1 2 3
  4 5 100
  7 8 9

注意：矩阵中元素按列存储，上例中对矩阵元素操作也可这样调用 A(8) = 8

对于一个矩阵中 0 元素很多，而非 0 元素很少的情况，可以先形成 0 矩阵，然后将非 0 元素输入。

第三节 MATLAB 程序设计

MATLAB 输入命令的常用方式有两种：一种是直接在 MATLAB 的命令窗口中逐条输入 MATLAB 命令；另一种是 M 文件工作方式。当命令行很简单时，使用逐条输入方式还是比较方便的。但当命令行很多时(比如说几十行乃至成百上千行命令)，显然再使用这种方式输入 MATLAB 命令，就会显得杂乱无章，不易于把握程序的具体走向，并且给程序的修改和维护带来很大的麻烦。这时，采用 MATLAB 命令的第二种输入形式：M 文件工作方式。

M 文件工作方式，指的是将要执行的命令全部写在一个文本文件中，这样既能使程序显得简洁明了，又便于对程序的修改与维护。M 文件直接采用 MATLAB 命令编写，就像在 MATLAB

的命令窗口直接输入命令一样，因此调试起来也十分方便，并且增强了程序的交互性。

M 文件与其他文本文件一样，可以在任何文本编辑器中进行编辑、存储、修改和读取。利用 M 文件还可以根据自己的需要编写一些函数，这些函数也可以像 MATLAB 提供的函数一样进行调用。从某种意义上说，这也是对 MATLAB 的二次开发。

M 文件有两种形式：一种是命令方式或称脚本方式；另一种就是函数文件形式。两种形式的文件扩展名均是 . m。

一、M 文件

当遇到输入命令较多以及需要重复输入命令的情况时，利用命令文件就显得很方便了。将所有要执行的命令按顺序放到一个扩展名为 . m 的文本文件中，每次运行时只需在 MATLAB 的命令窗口输入 M 文件的文件名就可以了。需要注意的是，M 文件最好直接放在 MATLAB 的默认搜索路径下(一般是 MATLAB 安装目录的子目录 work 中)，这样就不用设置 M 文件的路径了，否则应当用路径操作指令 path 重新设置路径。另外，M 文件名不应该与 MATLAB 的内置函数名以及工具箱中的函数重名，以免发生执行错误命令的现象。MATLAB 对命令文件的执行等价于从命令窗口中顺序执行文件中的所有指令。命令文件可以访问 MATLAB 工作空间里的任何变量及数据。命令文件运行过程中产生的所有变量都等价于从 MATLAB 工作空间中创建这些变量。因此，任何其他命令文件和函数都可以自由地访问这些变量。这些变量一旦产生就一直保存在内存中，只有对它们重新赋值，它们的原有值才会变化。关机后，这些变量也就全部消失了。另外，在命令窗口中运行 clear 命令，也可以把这些变量从工作空间中删去。当然，在 MATLAB 的工作空间窗口中也可以用鼠标选择想要删除的变量，从而将这些变量从工作空间中删除。

接下来，编写一个名为 test. m 的命令文件，用来计算矩阵 1 到 100 的和，并把它放到变量 s 中。

第一步　创建新的 M 文件(如图 1-3)。在 MATLAB 主菜单上选择菜单命令 File→New→M-File。

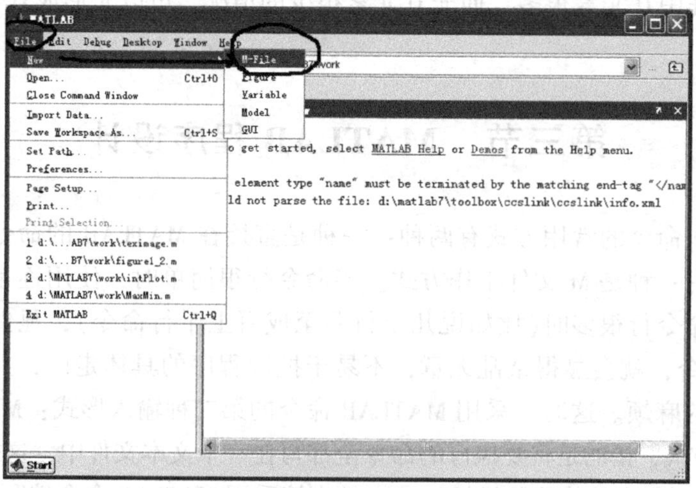

图 1-3　创建新的 M 文件

第二步 编写代码。在接下来出现的编辑框中输入相应的代码，见图 1-4。

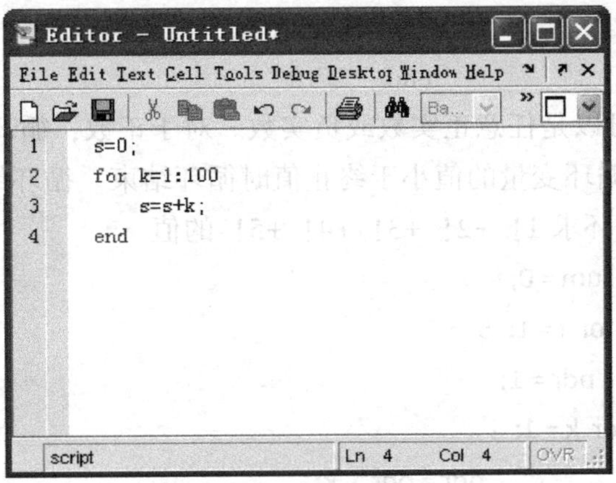

图 1-4 代码编辑框

第三步 保存。利用编辑框中的菜单命令 File→Save，或者直接点击其上的图标，就弹出一个保存文件的对话框(如图 1-5)。

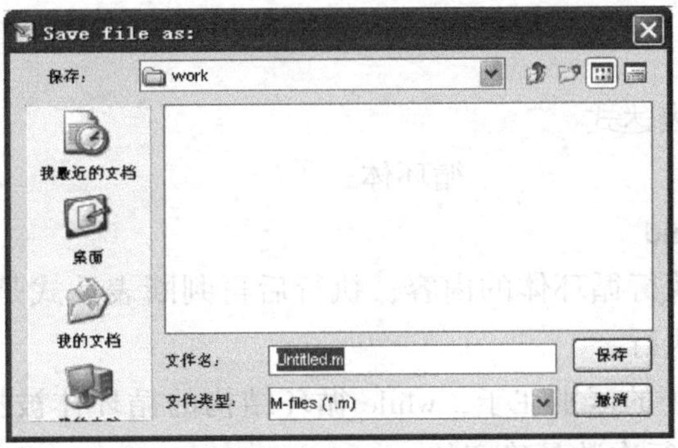

图 1-5 保存文件

将文件名中的 Untitled. m 改成 test，点击“保存”按钮。

第四步 M 文件的使用。回到 MATLAB 的主界面，在命令窗口输入如下两条命令：

```
>>test
>>s
```

观察结果。

二、MATLAB 程序流程控制

MATLAB 语言的程序结构与其他高级语言是一致的，分为顺序结构、循环结构、分支结构。

(1) 顺序结构——依次顺序执行程序的各条语句。

(2) 循环结构——被重复执行的一组语句，循环是计算机解决问题的主要手段。

循环语句主要有：

① for—end

语法为： for 循环变量=起始值：步长：终止值

循环体

end

步长缺省值为1，可以是任意正实数或负实数。对于正数，循环变量的值大于终止值时循环结束；对于负数，循环变量的值小于终止值时循环结束。循环结构可以嵌套使用。

例1-2 利用for循环求1！+2！+3！+4！+5！的值

```
sum=0;
for i=1: 5
  pdr=1;
for k=1: i
        pdr=pdr*  k;
end
sum=sum+pdr;
end
sum
```

② while—end循环

语法为：while 表达式

循环体

end

若表达式为真，则执行循环体的内容，执行后再判断表达式是否为真；若不为真，则跳出循环体，向下继续执行。

While循环和for循环的区别在于，while循环结构的循环体被执行的次数不是确定的，而for结构中循环体的执行次数是确定的。

例1-3 用while循环求1~100间整数的和。

```
sum=0;
i=1;
  while i<=100
      sum=sum+i;
i=i+1;
end
sum
```

（3）分支结构—根据一定条件来执行的各条语句。

if—else—end语句有3种形式

① if 表达式

执行语句

end

② if 表达式 ——— 是

```
            语句 1
    else    ———— 否
            语句 2
    end
③ if     表达式 1   ——— 多分支
          语句 1
   elseif  表达式 2
          语句 2
   elseif  表达式 3
          语句 3
            ·
            ·
            ·
          else
         语句 n
          end
```

这种结构实现了一种多路选择，比较复杂。可替代一般高级语言中的 switch-case-end 语句。

例 1-4 将百分制的学生成绩转换为五级制的成绩输出。

程序如下：

```
clear
n=input(' 输入 n=' );
if n>=90
    r=' A'
elseif n>=80
    r=' B'
elseif n>=70
    r=' C'
elseif n>=60
    r=' D'
else
    r=' E'
end
```

运行结果：

```
输入 n=87
r=
```

B

（4）switch 语句。

格式：switch　表达式(%可以是标量或字符串)

```
case    值 1
            语句 1
case    值 2
            语句 2
  ….
otherwise
            语句 3
end
```

执行方式：表达式的值和哪种情况(case)的值相同，就执行哪种情况中的语句，如果不同，则执行 otherwise 中的语句。格式中也可以不包括 otherwise，这时如果表达式的值与列出的各种情况都不相同，则继续向下执行。

例 1-5　将百分制的学生成绩转换为五级制的成绩输出——使用 switch 语句。

```
clear
n=input(' 输入 n=' );
switch fix(n/10)
    case {10, 9}
        r=' A'
    case 8
        r=' B'
    case 7
        r=' C'
    case 6
        r=' D'
    otherwise
        r=' E'
end
```

运行结果：

```
输入 n=65
r=D
```

三、其他指令

（1）input——将用户从键盘输入数值、字符串、表达式赋予指定的变量。

例：n=input(´How many apples=´)

```
How many apples=4
    n=
    4
```

（2）disp('…')——在屏幕上显示引号中的内容。

（3）pause——暂停，等待用户响应。

可令 M 文件执行暂停，并在继续执行前按任一个键。

（4）keyboard——与 input 类似，功能更强。

keyboard 调用键盘与调用 M 文件一样，当 keyboard 在 M 文件中出现时，它停止文件的执行并控制键盘，用于修改程序。

（5）break——中断。

break 中断 for，while 循环语句的执行，在嵌套循环结构中，break 则从最内层循环退出。

第四节 MATLAB 绘图

MATLAB 语言丰富的图形表现方法，使得数学计算结果可以方便地、多样性地实现了可视化，这是其他语言所不能比拟的。MATLAB 语言的绘图功能很强大，不仅能绘制几乎所有的标准图形，而且其表现形式也是丰富多样的，不仅具有高层绘图能力，而且还具有底层绘图能力——句柄绘图方法，在面向对象的图形设计基础上，使得用户可以用来开发各专业的专用图形。

一、二维图形的基本绘图指令

plot 是绘制二维曲线的基本函数，在使用此函数之前，我们需先定义曲线上每一点的 x 及 y 坐标。

下列指令可画出一条正弦曲线(图 1-6)：

```
clear all;
x=linspace(0, 2*pi, 100);% 100 个点的 x 坐标
y=sin(x);% 对应的 y 坐标
plot(x, y);
```

MATLAB 的基本绘图函数有：

Plot x 轴和 y 轴均为线性刻度(Linear scale)

Loglog x 轴和 y 轴均为对数刻度(Logarithmic scale)

semilogx x 轴为对数刻度，y 轴为线性刻度

semilogy x 轴为线性刻度，y 轴为对数刻度

hold on 保持当前图形，以便继续画图到当前坐

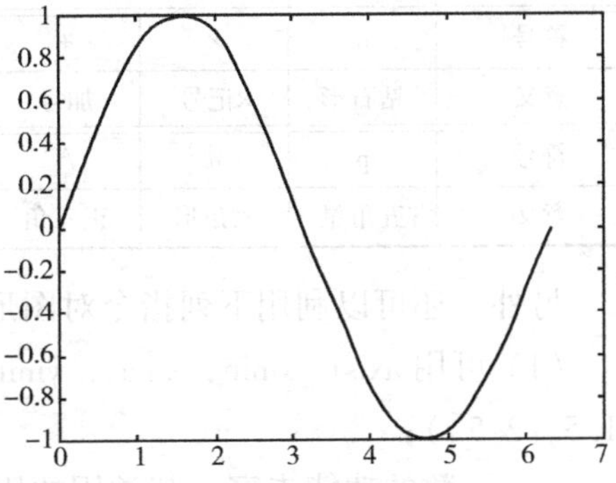

图 1-6 正弦曲线

标窗口

hold off 释放当前图形窗口

title('图形名称')(都放在单引号内)

xlabel('x 轴说明')

ylabel('y 轴说明')

text(x, y,'图形说明')

legend('图例 1','图例 2', …)

说明:

① 若要画出多条曲线,只需将坐标对依次放入 plot 函数即可(见图 1-7):

plot(x, sin(x), x, cos(x));

② 若要改变颜色,在坐标对后面加上相关字串即可(见图 1-7):

plot(x, sin(x), ´c´, x, cos(x), ´g´);

③ 若要同时改变颜色及图线形态,也是在坐标对后面加上相关字串即可(见图 1-8):

plot(x, sin(x), ´co´, x, cos(x), ´g*´);

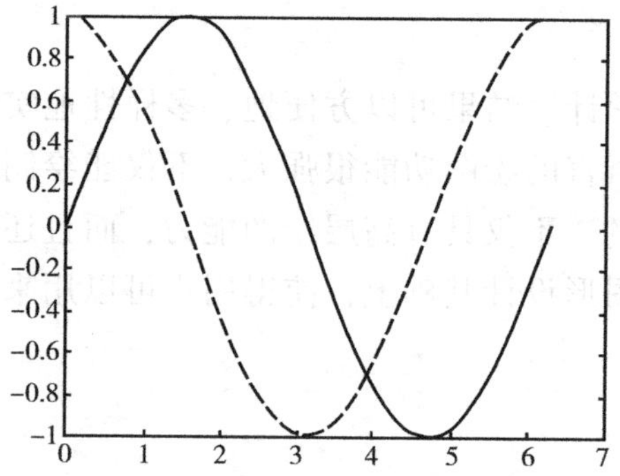

图 1-7 画多条曲线或改变颜色

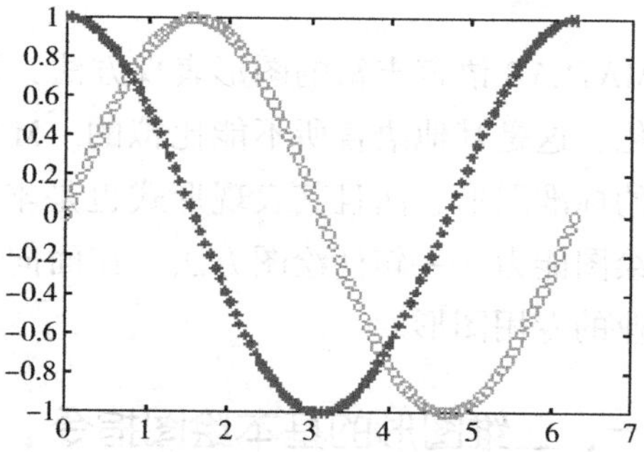

图 1-8 改变颜色及图线形态

MATLAB 中可供选择的曲线线型、颜色和标记点类型见表 1-1。

表 1-1 plot 绘图函数的参数

符号	y	m	c	r	g	b	w	k	o
意义	黄色	深红色	青绿色	红色	绿色	蓝色	白色	黑色	圈形
符号	d	×	+	*	.	V	—	:	s
意义	钻石形	×记号	加号	星号	点形	倒三角	实心线	小圆点	方形
符号	p	h	Λ	--	—.	<	>		
意义	五角星	六角形	正三角	虚线	长点	左三角	右三角		

另外,还可以利用下列指令对图形进行修饰和说明。

(1) 可用 axis([xmin, xmax, ymin, ymax])函数来调整轴的范围,例如:axis([0, 10, −1.5, 2.5]);

axis 函数的功能丰富,其常用的用法有:

axis equal:纵横坐标轴采用等长刻度

axis square：产生正方形坐标系(默认为矩形)

axis auto：使用默认设置

axis on ：显示坐标轴

(2) 可用下列指令对图形(图 1-9)进行各种注解与处理；

xlabel(´X´);% x 轴注解

ylabel(´Y´);% y 轴注解

title(´三角函数´);% 图形标题

legend(´y=sin(x)´, ´y=cos(x)´);% 图形注解

grid on;% 显示格线

(3) 可用 subplot 将几个图形同时画在一个视窗之中(图 1-10)：

subplot(2, 2, 1); plot(x, sin(x));

subplot(2, 2, 2); plot(x, cos(x));

subplot(2, 2, 3); plot(x, sinh(x));

subplot(2, 2, 4); plot(x, cosh(x));

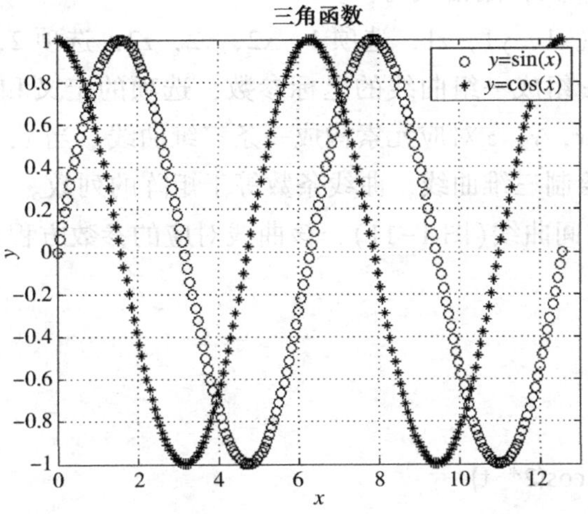

图 1-9　三角函数图

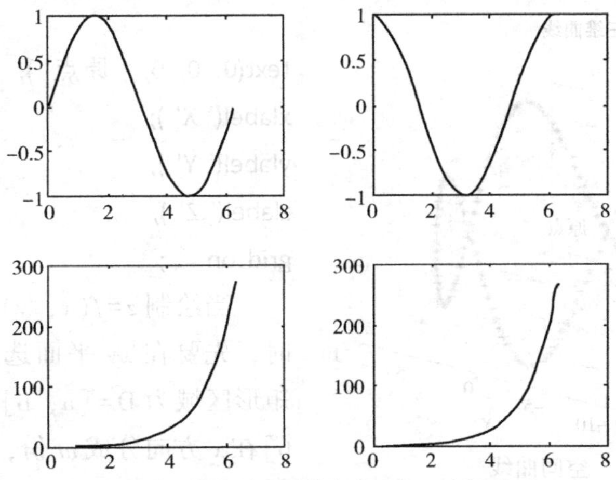

图 1-10　将几个图形同时画在一个视窗中

MATLAB 常用的还有其他各种二维绘图函数，例如：

bar 长条图

polar 极坐标图

stairs 阶梯图

stem 针状图

fill 实心图

feather 羽毛图

compass 罗盘图

quiver 向量场图

pie，pie3 饼图

二、三维图形的基本绘图指令

最基本的三维图形函数为 plot3，它将二维绘图函数 plot 的有关功能扩展到三维空间，可以用来绘制三维曲线。其调用格式为：

plot3(x1，y1，z1，选项 1，x2，y2，z2，选项 2，…)

其中每一组 x，y，z 组成一组曲线的坐标参数，选项的定义和 plot 的选项一样。当 x，y，z 是同维向量时，则 x，y，z 对应元素构成一条三维曲线。当 x，y，z 是同维矩阵时，则以 x，y，z 对应列元素绘制三维曲线，曲线条数等于矩阵的列数。

利用 plot3 可绘制空间曲线(图 1-11)，该曲线对应的参数方程为：

```
clear all
t=0: pi/100: 2* pi;
x=8* cos(t);
y=4* sin(t);
z=10* sin(t). * cos(t). * cos(2* t)
plot3(x, y, z, ' r* ' );
title(' 三维曲线' );
text(0, 0, 0, ' 原点' );
xlabel(' X' );
ylabel(' Y' );
zlabel(' Z' );
grid on    ;
```

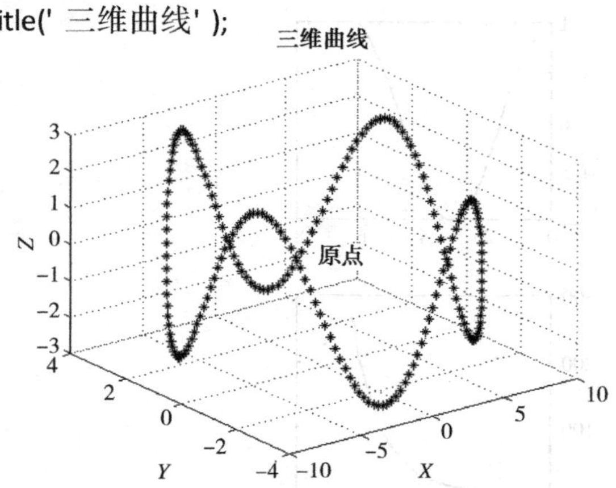

图 1-11 空间曲线

当绘制 $z=f(x, y)$ 所代表的三维曲面图时，先要在 xy 平面选定一矩形区域，假定矩形区域为 D=[a，b]×[c，d]，然后将[a，b]在 x 方向分成 m 份，将[c，d]在 y 方向分成 n 份，由各划分点做平行轴的直线，把区域 D 分成 $m\times n$ 个小矩形。生成代表每一个小矩形顶点坐标的平面网格坐标矩阵，最后利用有关函数绘图。

产生平面区域内的网格坐标矩阵可利用 meshgrid 函数生成：

```
x=a: dx: b;
y=c: dy: d;
[X, Y]=meshgrid(x, y);
```

MATLAB 提供了 mesh 函数和 surf 函数来绘制三维曲面图。mesh 函数用来绘制三维网格图，而 surf 用来绘制三维曲面图，各线条之间的补面用颜色填充。其调用格式为：

```
mesh(x, y, z, c)
surf(x, y, z, c)
```

一般情况下，x，y，z 是维数相同的矩阵，x，y 是网格坐标矩阵，z 是网格点上的高度矩阵，c 用于指定在不同高度下的颜色范围。c 省略时，MATLAB 认为 $c=z$，也即颜色的设定是正比于图形的高度的。这样就可以得到层次分明的三维图形。当 x，y 省略时，把 z 矩阵的列下标当作 x 轴的坐标，把 z 矩阵的行下标当作 y 轴的坐标，然后绘制三维图形。当 x，y 是向量时，要求 x 的长度必须等于 z 矩阵的列，y 的长度必须等于 z 的行，x，y 向量元素的组合构成网格点的 x，y 坐标，z 坐标则取自 z 矩阵，然后绘制三维曲线。

例 1-6 用三维曲面图表现函数 $z=\cos(y)+\sin(x)$。

为了便于分析三维曲面的各种特征，下面画出 3 种不同形式的曲面。

```
clear
x=0: 0.1: 2* pi;
y=x;
[x, y]=meshgrid(x, y);
z=cos(y)+sin(x);
subplot(3, 1, 1)
mesh(x, y, z);
xlabel(' X' );
ylabel(' Y' );
zlabel(' Z' );
title(' mesh' );
grid on
subplot(3, 1, 2)
surf(x, y, z);
xlabel(' X' );
ylabel(' Y' );
zlabel(' Z' );
title(' surf' );
grid on
```

```
subplot(3, 1, 3)
plot3(x, y, z);
xlabel(' X');
ylabel(' Y' );
zlabel(' Z' );
title(' plot3' );
grid on;
```

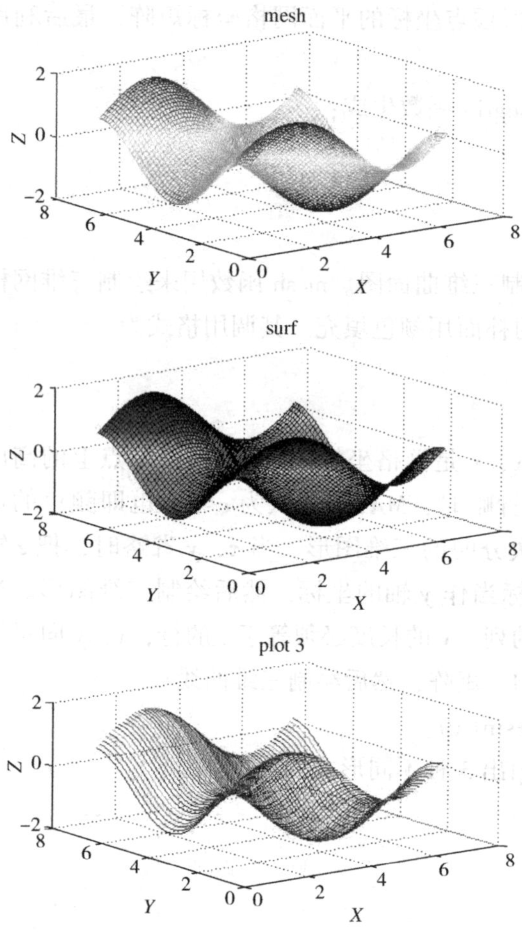

图 1-12 三种不同形式的曲面

程序执行结果见图 1-12。网格图(mesh)中线条有颜色，线条间补面无颜色。曲面图(surf)的线条都是黑色的，线条间补面有颜色。进一步观察，曲面图补面颜色和网格图线条颜色都是沿 z 轴变化的。用 plot3 绘制的三维曲面实际上由三维曲线组合而成。可以分析 plot(x′, y′, z′)所绘制的曲面的特征。

三、画物理场的专用指令

1. 等高线图

等高线图最常用于显示多元函数(尤其是二元函数)的函数值变化趋势。MATLAB 中用 contour 函数绘制一般的等高线图。clabel 可以用来标注等高线图中的函数值，contourf 函数则是绘制填充模式的等高线图。

其语法格式为：

contour(z, n)画出 n 条等高线；

contour(x, y, z, n)画出 n 条等高线；

contourf(x, y, z, n) 画出 n 条等高线，并填充；

contour(z, h) 在指定的高度 h 上画出等高线；

contour(x, y, z, h) 在指定的高度 h 上画出等高线；

clabel(c, h) 在给定的位置上标注等高线图中的函数值。

例 1-7 利用函数 contour 绘制 $z=xye^{-x^2-y^2}$ 图形的等高线。

解：绘图指令如下

```
clear
[x, y] = meshgrid(- 2: 0. 05: 2);
z = 100* x. * y. * exp(- x. ^2- y. ^2);
subplot(2, 2, 1)
contour(x, y, z, 8);
```

```
subplot(2, 2, 2)
[c, h] = contour(x, y, z, 8)
clabel(c, h)
subplot(2, 2, 3)
contourf(x, y, z, 8);
subplot(2, 2, 4)
[c, h] = contourf(x, y, z)
clabel(c, h)
```

执行以上程序后，可以得到如图 1-13 所示的四组图形。

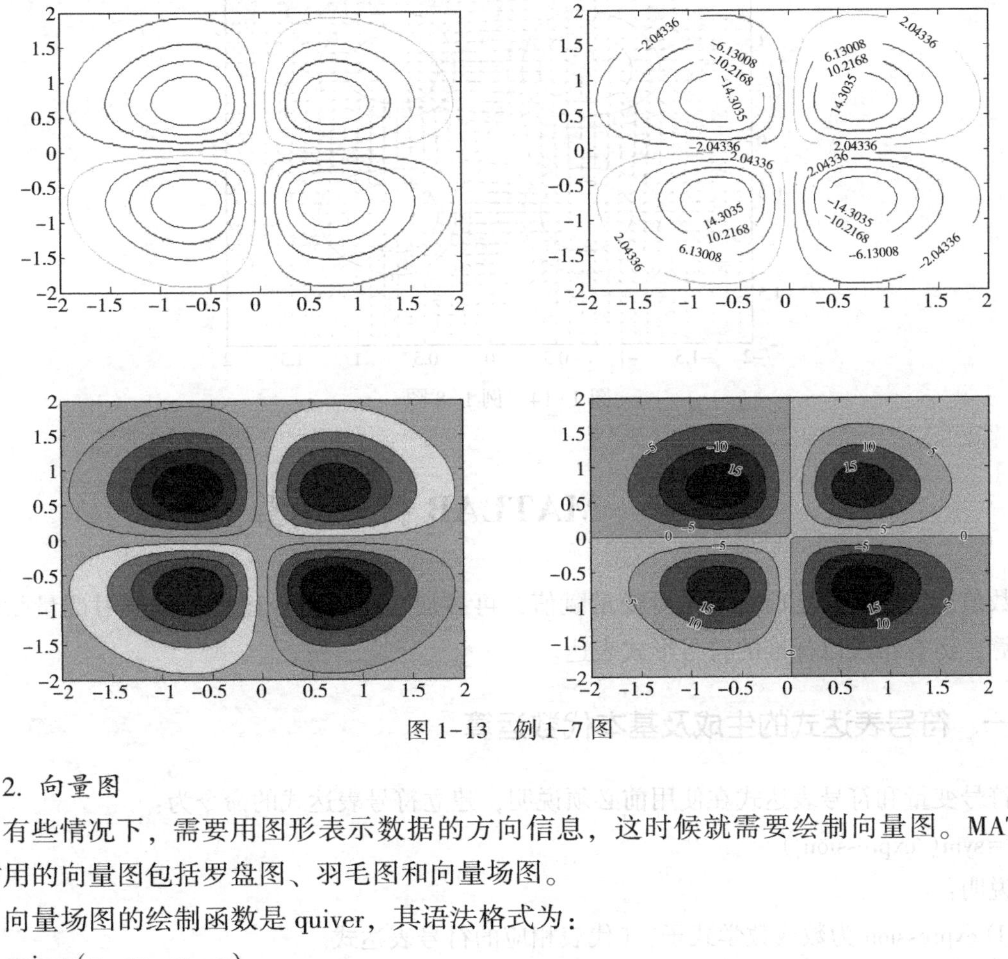

图 1-13 例 1-7 图

2. 向量图

有些情况下，需要用图形表示数据的方向信息，这时候就需要绘制向量图。MATLAB 中常用的向量图包括罗盘图、羽毛图和向量场图。

向量场图的绘制函数是 quiver，其语法格式为：

quiver(x, y, u, v)

表示以 (x, y) 为起点，用箭头表示 (u, v) 代表的向量。向量场图也是直角坐标系下的向量图，最常用于描绘梯度场。

例 1-8 利用函数 quiver 绘制 $z=xye^{-x^2-y^2}$ 图形的向量图。

解：绘图指令如下

```
clear
```

```
[x, y]=meshgrid(-2: 0.1: 2);
z=100* x.* y.* exp(-x.^2-y.^2);
contour(x, y, z, 8)
[u, v]=gradient(z);
hold on
quiver(x, y, u, v)
```

运行以上程序，可以得到如图 1–14 所示图形。

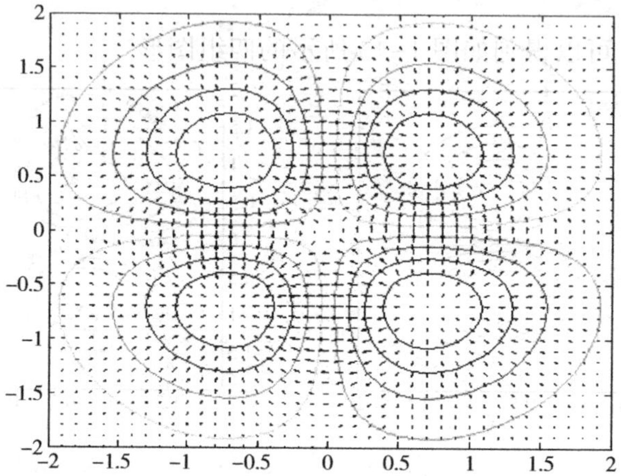

图 1–14　例 1–8 图

第五节　MATLAB 符号运算

数值运算在运算之前必须先对变量赋值，再参加运算；符号运算不需要对变量赋值就可运算，运算结果以标准的符号形式表达。

一、符号表达式的生成及基本代数运算

符号变量和符号表达式在使用前必须说明，建立符号表达式的命令为：

f=sym(´expression´)

说明：

① expression 为数或数学式子，f 代表相应的符号表达式。

② 若 expression 是数学式子，也可以用创建字符串变量的方式建立。即 f=´expression´。

③ 创建多个符号对象的快捷命令：syms x1 x2 x3 … xn；x1，x2，…，xn 为符号变量，则本程序中所有由 x1，x2，…，xn 构成的式子都是符号表达式。

例 1–9　已知：$a=x^3+5x^2+3x-2$，$b=\sin x+\cos^2 x$，$c=x-2$，$d=\cos x-1+3x$

求：(1) $a+b$，$c-d$；

(2) $a*c$，d/b；

（3）b^2，c^3。

程序设计及运行结果如下：

```
>> clear
>> a=sym(' x^3+5* x^2+3* x-2' );
>>b=sym(' sin(x)+cos(x)^2' );
>>c=sym(' x-2' );
>>d=sym(' cos(x)-1+3* x' );
>> a, b, c, d
a=x^3+5* x^2+3* x-2
b=cos(x)^2+sin(x)
c=x-2
d=3* x+cos(x)-1
>> a+b
ans=3* x+sin(x)+cos(x)^2+5* x^2+x^3-2
>> c-d
ans=-2* x-cos(x)-1
>> a* c
ans=(x-2)* (x^3+5* x^2+3* x-2)
>> b/d
ans=(cos(x)^2+sin(x))/(3* x+cos(x)-1)
>> b^2
ans=(cos(x)^2+sin(x))^2
>> c^3
ans=(x-2)^3
```

二、符号表达式的化简

可以对符号计算结果进行简化，例如因式分解、同类项合并、符号表达式的展开、符号表达式的化简和通分等。

1. 合并同类项

F=collect(f)　　合并 f 中 x 的同类项。

例 1-10　对 $f=(x-1)*(x-2)*(x-3)$ 合并同类项。

程序设计及运行结果如下：

```
>> clear
>> f=sym(' (x-1)* (x-2)* (x-3)(x-4)' );
>> collect(f)
ans=x^2* x(x-4)-3* x^2-3* x* x(x-4)+9* x+2* x(x-4)-6
```

2. 因式分解

F=factor(f)　　对 f 进行因式分解

例 1-11　对 x^2+2x-3 进行因式分解。

程序设计及运行结果如下：

```
>> clear
>> f=sym('x^2+2*x-3');
>> F=factor(f)
F=(x+3)*(x-1)
```

3. 表达式展开

F=expand(f)　　对 f 进行展开运算

例 1-12　将 $f=(x+y)$^4 展开。

程序设计及运行结果如下：

```
>> clear
>> f=sym('(x+y)^4');
>> F=expand(f)
F=x^4+4*x^3*y+6*x^2*y^2+4*x*y^3+y^4
```

4. 表达式化简

F=simple(f)　　综合性简化符号表达式

例 1-13　化简 $\cos^4 x+\sin^4 x$。

程序设计及运行结果如下：

```
>> clear
>> f=sym('cos(x)^4+sin(x)^4');
>> F=simple(f)
F=1/4*cos(4*x)+3/4
```

三、符号表达式的替换

F=subs(f, old, new)　把符号表达式 f 里面的符号变量 old 替换为新的变量 new。

如果我们把符号表达式里面所有的符号变量 new 都替换为数值，我们就可以得到符号表达式的数值结果了。

例 1-14　计算 $\cos x+x^3+e^x$ 在 $x=2$ 时的值。

程序设计及运行结果如下：

```
>> clear
>> f=sym('cos(x)+x^3+exp(x)');
>> F=subs(f, 'x', 2)
F=cos(2)+exp(2)+8
```

四、符号表达式的极限

limit(F, x, a)　　求当 $x \to a$ 时，表达式 F 的极限

limit(F, a)　　默认自变量时，趋于 a 的极限

limit(F)　　默认自变量，默认 $a=0$

limit(F, x, a, 'left')　　取 F 的左极限

limit(F, x, a, 'right')　　取 F 的右极限

例 1-15　分别计算 $\lim\limits_{x\to 0}\frac{1}{x}$，$\lim\limits_{x\to 0^-}\frac{1}{x}$，$\lim\limits_{x\to 0^+}\frac{1}{x}$，$\lim\limits_{x\to\infty}\left(\frac{x+a}{x-a}\right)^x$。

程序设计及运行结果如下：

```
>> clear
>> syms a x
>> limit(1/x, x, 0)
ans = NaN
>> limit(1/x, x, 0, ' left' )
ans = - Inf
>>   limit(1/x, x, 0, ' right' )
ans = Inf
>> limit(((x+a)/(x- a))^x, inf)
ans = exp(2*  a)
```

注意：对于极限不存在，返回 NaN。

五、符号微分

diff(f)——对缺省变量求 f 的微分

diff(f, v)——对指定变量 v 求微分

diff(f, n)——对默认变量求 n 阶微分

diff(f, v, n)——对指定变量 v 求 f 的 n 阶微分

例 1-16　求函数 $y=x^3-\sin^2 x+\cos x-2x^2+x-1$ 的一阶和二阶导数。

程序设计及运行结果如下：

```
>> clear
>> y = sym(' x^3- sin(x)^2+cos(x)- 2*  x^2+x- 1' );
>> dy1 = diff(y, 1)
dy1 = 3*  x^2- sin(x)- 2*  cos(x)*  sin(x)- 4*  x+1
>> dy2 = diff(y, 2)
dy2 = 6*  x- cos(x)- 2*  cos(x)^2+2*  sin(x)^2- 4
```

六、符号积分

int(f)——对f表达式的缺省变量求不定积分

int(f, v)——对f表达式的v变量求不定积分

int(f, v, a, b)——对f表达式的v变量在(a, b)区间求定积分

例 1-17 已知$f(x)=ax^2+bx+c$，求$f(x)$的积分。

程序设计及运行结果如下：

```
>> clear
>> syms a b c x
>> f=sym(' a* x^2+b* x+c' )
f=a* x^2+b* x+c
>> int(f)
ans=(a* x^3)/3+(b* x^2)/2+c* x
>> int(f, x, 0, 2)
ans=(8* a)/3+2* b+2* c
>> int(f, a)
ans=a* (c+b* x)+(a^2* x^2)/2
>> int(int(f, a), x)
ans=(a* x* (a* x^2+3* b* x+6* c))/6
```

七、方程求解

1) 1 代数方程

代数方程的求解由函数 solve 实现：

solve(f) 求解符号方程式f

solve(f1, …, fn) 求解由f_1, …, f_n 组成的代数方程组

2) 常微分方程

使用函数 dsolve 来求解常微分方程：

```
dsolve(' eq1, eq2, …' , ' cond1, cond2, …' , ' v' )
>> syms a b c x
>> f=sym(' a* x* x+b* x+c=0' )
>>solve(f)
ans=[ 1/2/a* (- b+(b^2- 4* c* a)^(1/2))]
[ 1/2/a* (- b- (b^2- 4* c* a)^(1/2))]
>> solve(' 1+x=sin(x)' )
ans=- 1. 9345632107520242675632614537689
>>dsolve(' Dy=x' , ' x' )          % 求微分方程 y' =x 的通解，指定 x 为自变量。
```

```
ans = 1/2*  x^2+C1
>>dsolve(' D2y = 1+Dy' , ' y(0) = 1' , ' Dy(0) = 0' )   % 求微分方程 y' ' = 1+y' 的解，加初始条件
ans = - t+exp(t)
>>[ x, y] = dsolve(' Dx = y+x, Dy = 2*  x' )          % 微分方程组的通解
x = - 1/2*  C1*  exp(- t)+C2*  exp(2*  t)
y = C1*  exp(- t)+C2*  exp(2*  t)
```

例 1–18　求微分方程$\frac{d^2y}{dx^2}+2\frac{dy}{dx}+2y=0$在满足$y(0)=1$，$y'(0)=0$的解，并画出图形。

程序设计及运行结果如下：

```
>> clear
>> y = dsolve(' D2y+2*  Dy+2*  y = 0' , ' y(0) = 1' , ' Dy(0) = 0' )
y = exp(- t)*  sin(t)+exp(- t)*  cos(t)
>> ezplot(y)
```

其结果见图 1–15。

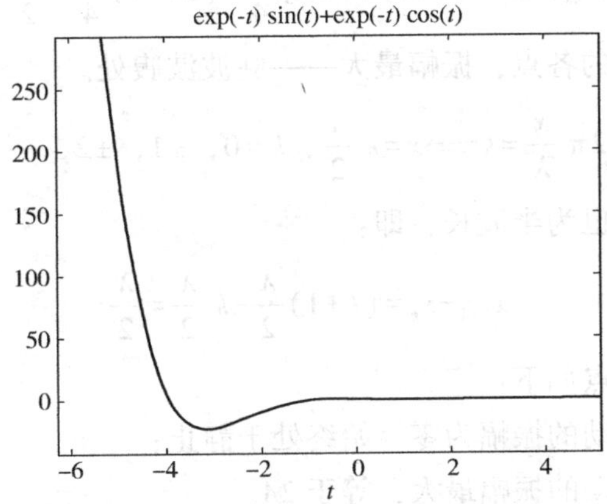

图 1–15　例 1–18 图

第六节　利用 MATLAB 模拟物理图形和图像

计算物理研究的对象是物理问题，这种研究是在计算机上用数学方法对物理过程作数值模拟，最终给出物理方程的数值解。要使这些数值结果中的物理意义完全直观地呈现在我们面前，就需要将这些结果用图形、图像或动画的形式表现出来。利用 MATLAB 软件的绘图功能，就可对有关物理问题进行模拟计算及其可视化。以驻波的模拟为例：

两列振幅、振动方向和频率都相同而传播方向相反的两列同类波相干叠加就形成驻波。

设有两列振动方向相同、振幅相同、频率相同的平面余弦波，分别沿 x 轴的正、负方向传播。如以 A 表示振幅，以 ν 表示频率，λ 表示波长，则它们的波函数分别表示为

$$y_1=A\cos2\pi\left(\nu t-\frac{x}{\lambda}\right),\quad y_2=A\cos2\pi\left(\nu t+\frac{x}{\lambda}\right)$$

按叠加原理，合成的驻波的波函数为：

$$y=y_1+y_2=A\left[\cos 2\pi\left(\nu t-\frac{x}{\lambda}\right)+\cos 2\pi\left(\nu t+\frac{x}{\lambda}\right)\right]$$

$$=2A\cos 2\pi\frac{x}{\lambda}\cdot\cos 2\pi\nu t$$

从上式可看出：因子 $\cos 2\pi\nu t$ 是时间 t 的余弦函数，说明形成驻波后，各质点都在作同频率的谐振动；另一因子 $2A\cos 2\pi\frac{x}{\lambda}$ 是坐标的余弦函数，说明各质点的振幅按余弦函数规律分布。

（1）在 x 值满足下式的各点，振幅为零——驻波波节处。

$$2\pi\frac{x}{\lambda}=(2k+1)\frac{\pi}{2}\Rightarrow x=(2k+1)\frac{\lambda}{4},\quad k=0,\ \pm1,\ \pm2,\ \cdots$$

相邻两波节的距离为半波长，即：

$$x_{k+1}-x_k=[2(k+1)+1]\frac{\lambda}{4}-(2k+1)\frac{\lambda}{4}=\frac{\lambda}{2}$$

（2）在 x 值满足下式的各点，振幅最大——驻波波腹处。

$$2\pi\frac{x}{\lambda}=k\pi\Rightarrow x=k\frac{\lambda}{2},\quad k=0,\ \pm1,\ \pm2,\ \cdots$$

相邻两波腹间的距离也为半波长，即：

$$x_{k+1}-x_k=(k+1)\frac{\lambda}{2}-k\frac{\lambda}{2}=\frac{\lambda}{2}$$

由此可得出驻波的特点如下：

（1）波节处的质点振动的振幅为零，始终处于静止；

（2）波腹处的质点振动的振幅最大，等于 $2A$。

（3）其他各处质点振动的振幅则在零与最大之间。

（4）两相邻波节或两相邻波腹之间相距半波长。

（5）波腹和相邻波节间的距离为 $\lambda/4$，波腹和波节交替作等距离排列。

参考程序如下：

```
clear
a=2; x=0: 0.001: 3;
f=1/2/pi; T=1/f; i=0;
for t=0: T/8: T
i=i+1; w=2* pi;
y1=a* cos(2* pi* (f* t- x)); y2=a* cos(2* pi* (f* t+x));
y=y1+y2;% subplot(3, 3, i)
plot(x, y1, x, y2, x, y, ' LineWidth' , 2)
legend(' y1' , ' y2' , ' y' )
```

```
fs=16; grid on
tit=['t=', num2str(t)];
title(tit, 'FontSize', fs)
xlabel('x', 'FontSize', fs)
ylabel('y', 'FontSize', fs)
axis([0 2 -6 6])
end
```

运算结果见图 1-16~图 1-24，分别表示在 $t=0$，$\frac{T}{8}$，$\frac{2T}{8}$，$\frac{3T}{8}$，$\frac{4T}{8}$，$\frac{5T}{8}$，$\frac{6T}{8}$，$\frac{7T}{8}$，$\frac{8T}{8}$ 时刻，各质点的振动位移的变化。从图中可看出：每一时刻，驻波都有一定的波形，此波形既不向右移，也不向左移，各点以各自确定的振幅在各自的平衡位置附近振动，没有振动状态或相位的传播，因而称为驻波。

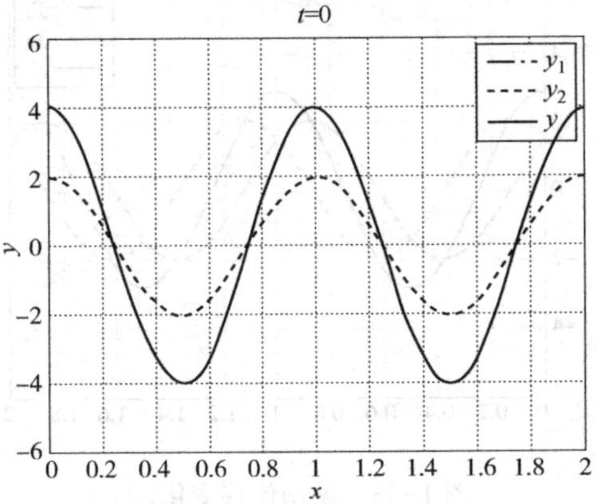

图 1-16　振动位移变化(1)

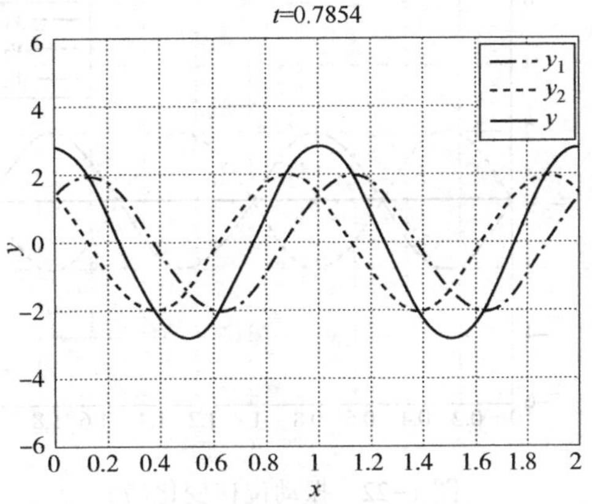

图 1-17　振动位移变化(2)

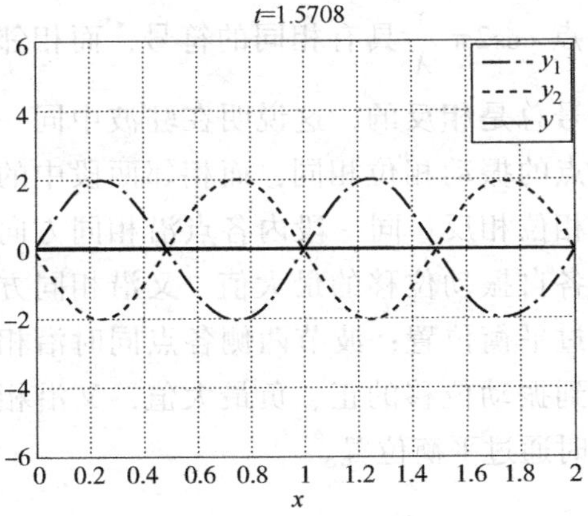

图 1-18　振动位移变化(3)

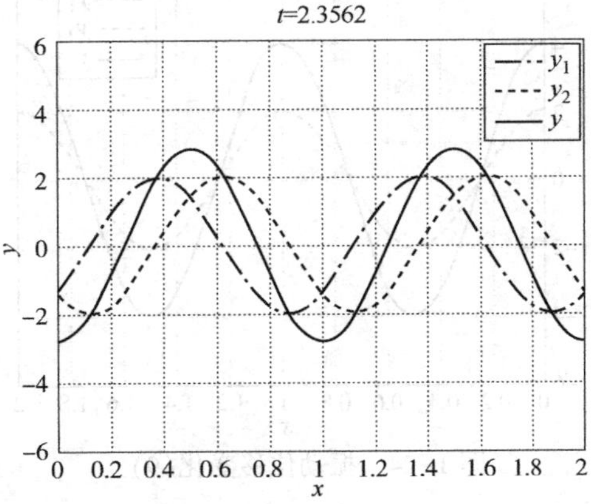

图 1-19　振动位移变化(4)

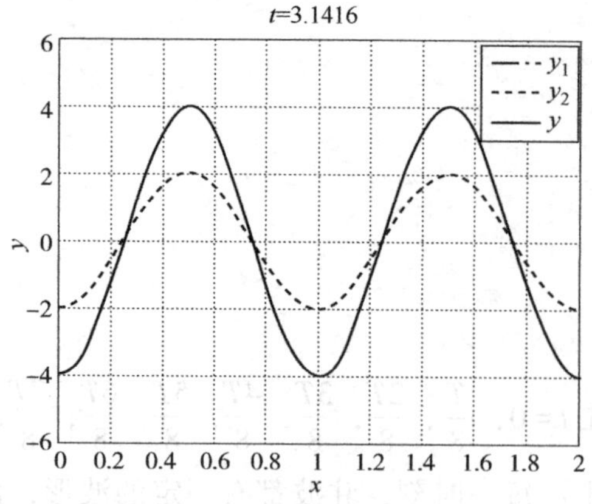

图 1-20　振动位移变化(5)

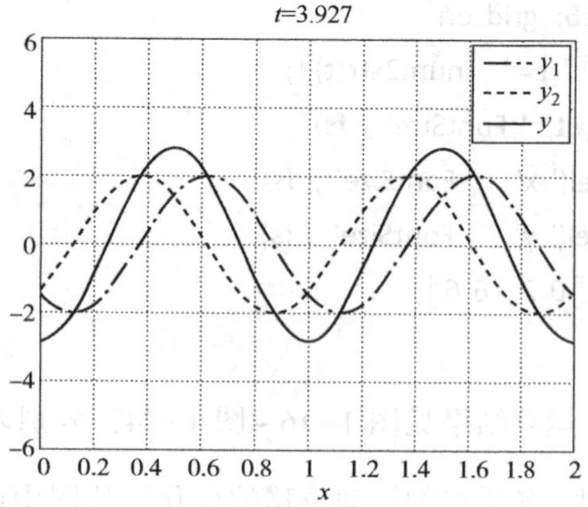

图 1-21　振动位移变化(6)

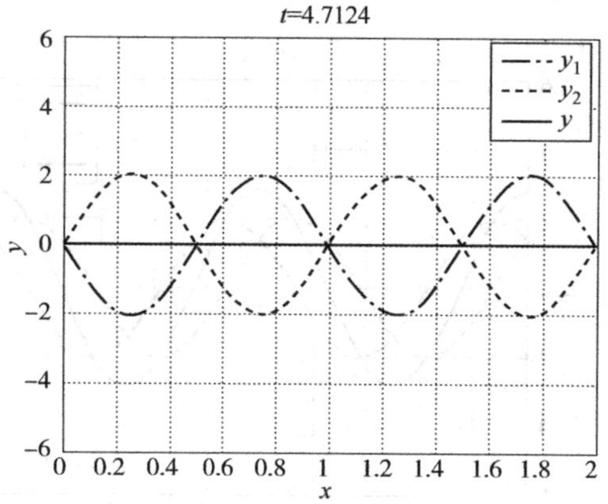

图 1-22　振动位移变化(7)

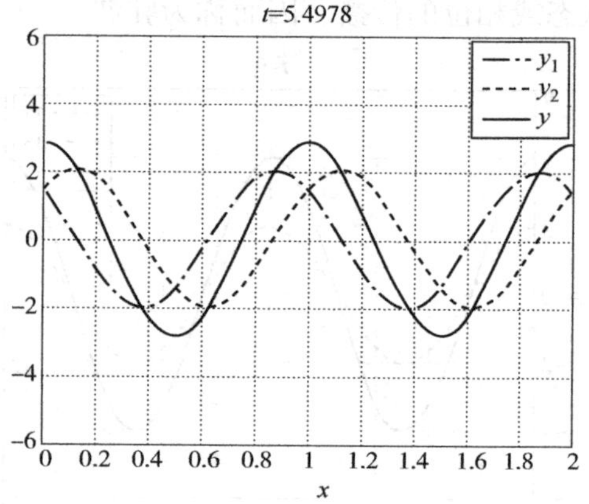

图 1-23　振动位移变化(8)

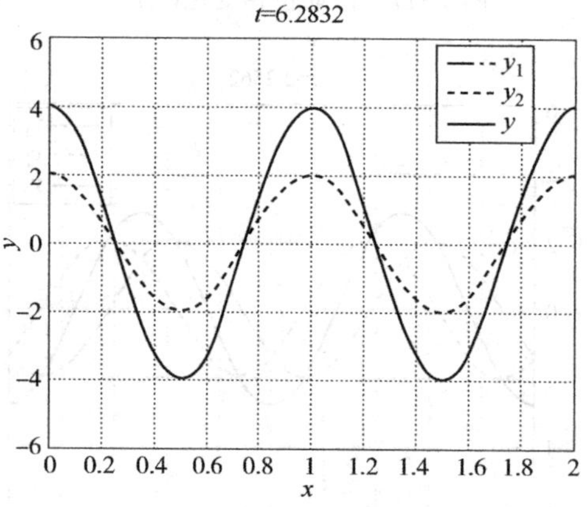

图 1-24　振动位移变化(9)

将相邻两波节之间的各点称为一段，每一段各点 $\cos 2\pi \dfrac{x}{\lambda}$ 具有相同的符号，而相邻的两端符号总是相反的，这说明在驻波中同一段上各质点的振动相位相同，而相邻两段中的各点振动相位相反；同一段内各点沿相同方向同时达到各自振动位移的最大值，又沿相同方向同时通过平衡位置；波节两侧各点同时沿相反方向达到振动位移的正、负最大值，又沿相反方向同时通过平衡位置。

习　题

1. 利用 MATLAB 求当 $x=1, 2, 3, \cdots, 100$ 时 $y=x^2+\sin x+\ln x$ 的值。

2. 已知 $x=[1, 2, 3]$，$y=[4, 5, 6]$，试计算 $z=x.*y$，$x.\backslash y$ 和 $x./y$。

3. 分别用 for 和 while 循环语句编写程序，求

$$K=\sum_{i=0}^{63} 2^i = 1+2+2^2+2^3+\cdots+2^{62}+2^{63}$$

并考虑一种避免循环的简单方法来进行求和，比较三种算法的运行时间。

4. 在同一坐标系下绘出 t^2，$-t^2$，$t^2\sin t$ 在 $t\in[0, 2\pi]$ 内的曲线图。

5. 试用 MATLAB 编程模拟两个同方向同频率简谐振动的合成。

第二章　线性方程组的数值解法

在数值计算方法中，很多物理问题的求解常常涉及到线性方程组的计算。由于实际物理问题的复杂性，所得到的方程往往是未知数很多的大型线性方程组，这就需要我们利用计算机更精确、更有效地求解。常用的线性方程组的数值解法一般有两类：直接法和迭代法。直接法中的消元法就是在不考虑舍入误差的前提下，经过有限步的四则运算便可得到线性方程组准确解的一种方法，但在实际计算时，由于只能用有限位小数去运算，因而直接法一般也只能得到解的近似值；而迭代法就是用某种极限过程去逼近线性方程组精确解的方法。

第一节　解线性方程组的直接法

本节主要讨论线性方程组直接解法的基本原理及如何利用 MATLAB 软件实现这些解法。

一、高斯消去法

设有线性代数方程组

$$\begin{cases} a_{11}x_1+a_{12}x_2+\cdots+a_{1n}x_n=b_1 \\ a_{21}x_1+a_{22}x_2+\cdots+a_{2n}x_n=b_2 \\ \vdots \\ a_{31}x_1+a_{32}x_2+\cdots+a_{3n}x_n=b_n \end{cases} \tag{2-1}$$

为方便起见，将线性方程组(2-1)写成矩阵形式

$$AX=b \tag{2-2}$$

其中

$$A=\begin{bmatrix} a_{11} & a_{12}\cdots & a_{1n} \\ a_{21} & a_{22}\cdots & a_{2n} \\ \vdots & \vdots & \vdots \\ a_{n1} & a_{n2}\cdots & a_{nn} \end{bmatrix}, \quad X=\begin{bmatrix} x_1 \\ x_2 \\ \vdots \\ x_n \end{bmatrix}, \quad b=\begin{bmatrix} b_1 \\ b_2 \\ \vdots \\ b_n \end{bmatrix}$$

高斯(Gauss)消去法的基本思想是用逐次消去法消去未知数的方法，把式(2-1)化为与其等价的上三角形或下三角形方程组，即利用行的初等变换方法将系数矩阵化为上三角或下三角矩阵。现以三元方程组为例介绍高斯消去法。

现有线性方程组

$$\begin{cases} a_{11}^{(1)}x_1+a_{12}^{(1)}x_2+a_{13}^{(1)}x_3=b_1^{(1)} & (1) \\ a_{21}^{(1)}x_1+a_{22}^{(1)}x_2+a_{23}^{(1)}x_3=b_2^{(1)} & (2) \\ a_{31}^{(1)}x_1+a_{32}^{(1)}x_2+a_{33}^{(1)}x_3=b_3^{(1)} & (3) \end{cases}$$

若 $a_{11}^{(1)}\neq 0$，$(1)\times-\dfrac{a_{21}^{(1)}}{a_{11}^{(1)}}+(2)$，$(1)\times-\dfrac{a_{31}^{(1)}}{a_{11}^{(1)}}+(3)$，消去 x_1 得

$$\begin{cases} a_{11}^{(1)}x_1+a_{12}^{(1)}x_2+a_{13}^{(1)}x_3=b_1^{(1)} & (4) \\ \qquad a_{22}^{(2)}x_2+a_{23}^{(2)}x_3=b_2^{(2)} & (5) \\ \qquad a_{32}^{(2)}x_2+a_{33}^{(2)}x_3=b_3^{(2)} & (6) \end{cases}$$

其中

$$a_{ij}^{(2)}=a_{ij}^{(1)}-\frac{a_{i1}^{(1)}}{a_{11}^{(1)}}a_{1j}^{(1)}(i,\ j=2,\ 3),\ b_i^{(2)}=b_i^{(1)}-\frac{a_{i1}^{(1)}}{a_{11}^{(1)}}b_{1j}^{(1)}(i,\ j=2,\ 3)$$

若 $a_{22}^{(2)}\neq 0$，$(5)\times-\dfrac{a_{32}^{(2)}}{a_{22}^{(2)}}+(6)$，消去 x_2 得

$$\begin{cases} a_{11}^{(1)}x_1+a_{12}^{(1)}x_2+a_{13}^{(1)}x_3=b_1^{(1)} & (7) \\ \qquad a_{22}^{(2)}x_2+a_{23}^{(2)}x_3=b_2^{(2)} & (8) \\ \qquad\qquad a_{33}^{(3)}x_3=b_3^{(3)} & (9) \end{cases}$$

其中

$$a_{33}^{(3)}=a_{33}^{(2)}-\frac{a_{32}^{(2)}}{a_{22}^{(2)}}a_{23}^{(2)},\ b_3^{(3)}=b_3^{(2)}-\frac{a_{32}^{(2)}}{a_{22}^{(2)}}b_{22}^{(2)}$$

式(7)~式(9)写成矩阵形式即为

$$\begin{bmatrix} a_{11}^{(1)} & a_{12}^{(1)} & a_{13}^{(1)} \\ 0 & a_{22}^{(2)} & a_{23}^{(2)} \\ 0 & 0 & a_{33}^{(3)} \end{bmatrix}\begin{bmatrix} x_1 \\ x_2 \\ x_3 \end{bmatrix}=\begin{bmatrix} b_1^{(1)} \\ b_2^{(2)} \\ b_3^{(3)} \end{bmatrix} \tag{2-3}$$

上式为上三角形方程组，容易求解，以上消去与回代过程称为高斯消去法。

根据高斯消去法的原理，利用 MATLAB 的程序设计功能，可以实现 Gauss 消去法求解线性方程组。其参考程序如下。

```
function X = Gauss(A, b)
% 求线性方程组的高斯消去法，其中，
% A 为方程组的系数矩阵；
% b 为方程组的右端项；
% X 为方程组的解。
[n, m] = size(a);
x = zeros(n, 1);
for k = 1: n- 1
```

```
    for i=k+1: n
        if a(k, k)==0
            return
        end
     m=a(i, k)/a(k, k);
     for j=k+1: n
         a(i, j)=a(i, j)- m* a(k, j);
     end
     b(i)=b(i)- m* b(k);
    end
end
for k=n: -1: 1   % 回代求解
    for j=k+1: n
        b(k)=b(k)- a(k, j)* x(j);
    end
    x(k)=b(k)/a(k, k);
end
```

例 2-1 求解下列方程组

$$\begin{cases}1.0170x_1-0.0092x_2+0.0095x_3=1\\-0.0092x_1+0.9903x_2+0.0136x_1=0\\0.0095x_1+0.0136x_2+0.9898x_1=1\end{cases}$$

解：$A=\begin{bmatrix}1.0170 & -0.0092 & 0.0095\\-0.0092 & 0.9903 & 0.0136\\0.0095 & 0.0136 & 0.9898\end{bmatrix}$，$b=\begin{bmatrix}1\\0\\1\end{bmatrix}$

在命令窗口输入

```
>> A=[1.0170-0.0092 0.0095; -0.0092 0.9903 0.0136; 0.0095 0.0136 0.9898];
>> b=[1 0 1]';
>>X=Gauss(A, b)
```

回车得到运行结果

```
X=0.9739
   -0.0047
    1.0010
```

即 $x_1=0.9739$，$x_2=-0.0047$，$x_3=1.0010$

例 2-2 求解下列方程组

$$\begin{cases}0.001x_1+2x_2+3x_3=1\\-x_1+3.712x_2+4.623x_3=2\\-2x_1+1.072x_2+5.643x_3=3\end{cases}$$

保留四位有效数字。

解：$A=\begin{bmatrix}0.001 & 2 & 3\\ -1 & 3.712 & 4.623\\ -2 & 1.072 & 5.643\end{bmatrix}$，$b=\begin{bmatrix}1\\2\\3\end{bmatrix}$

在命令窗口输入

```
>> A=[0.001 2 3; -1 3.712 4.623; -2 1.072 5.643];
>> b=[1 2 3]';
>>X=Gauss(A, b)
```

回车得到运行结果

```
x=-0.0000
   -0.6238e-1
    0.3750
```

保留 10 位有效数字，输出结果为

```
x=-0.49039646327165
  -0.05103518130435
   0.36752025302399
```

二、主元素法

1. 高斯消去法的局限性

在高斯消去法过程中，每次均按照系数矩阵的主对角线上的顺序依次消元，但是，一旦遇到某个主元 $a_{kk}^{(k)}=0$，则需要通过两行交换才能使消元过程继续进行，然而，当出现 $a_{kk}^{(k)}\neq0$ 且非常小的时候，以它来作分母，不可避免地会出现除数的绝对值远远小于被除数的情况，而使得在后面的加减运算中出现"大数吃掉小数"的情况发生，舍入误差被扩大，从而使运算结果不可靠。解决上述问题的方法之一是选列主元。

2. 列主元素消去法

当消元过程进行到第 k 步(1，2，…，$n-1$)时，其相应的矩阵为

$$A=\begin{bmatrix}a_{11}^{(1)} & a_{12}^{(1)} \cdots a_{1k-1}^{(1)} & a_{1k}^{(1)} \cdots a_{1n}^{(1)}\\ & a_{22}^{(2)} \ a_{2k-1}^{(2)} & a_{2k}^{(2)} \cdots a_{2n}^{(2)}\\ & \ddots \ \vdots & \vdots\\ & a_{k-1k-1}^{(k-1)} & a_{2k}^{(k-1)} \cdots a_{2n}^{(k-1)}\\ & & a_{kk}^{(k)} \cdots a_{2k}^{(k)}\\ & & \vdots \quad \vdots\\ & & a_{2k}^{(k)} \cdots a_{nn}^{(n)}\end{bmatrix},\quad b=\begin{bmatrix}b_1^{(1)}\\ b_2^{(2)}\\ \vdots\\ b_{k-1}^{(k-1)}\\ b_k^{(k)}\\ \vdots\\ b_n^{(k)}\end{bmatrix}$$

按顺序高斯消去法就选 $a_{kk}^{(k)}$ 为主元，使得第 k 个方程不变。但此时第 k 个方程与后面 $n-k$ 个方程的地位并没有区别，因此选择第 k 列的元素 $a_{ik}^{(k)}$($i=k$，$k+1$，…，n)中绝对值最

大的元素作为主元，即令

$$|a_{rk}^{(k)}| = \max_{k\leqslant i\leqslant n} |a_{ik}^{(k)}|$$

若 $a_{rk}^{(k)}=0$，此时矩阵奇异，方程的解不确定(无解或有无穷解)，则停止计算；否则，当 $r>k$，则其矩阵 A 和 b 中交换第 k 行和第 r 行，即

$$a_{kj}^{(k)} \leftrightarrow a_{rj}^{(k)} \quad j=k,\ k+1,\ \cdots,\ n$$

$$b_{k}^{(k)} \leftrightarrow a_{r}^{(k)}$$

使 $a_{rk}^{(k)}$ 成为主元[此时变成了 $a_{kk}^{(k)}$]，然后再按高斯消去法进行消元运算。上述这种消去法称为列主元高斯消去法。

参考程序如下：

```
function x=LGauss(a, b)
[n, m]=size(a); x=zeros(n, 1);
for k=1: n-1    % 选主元
max1=0;
for i=k: n
if abs(a(i, k))>max1
max1=abs(a(i, k)); r=i;
end
end
if max1<1e-10
return
end            % 交换两行
if r>k
for j=k: n
z=a(k, j); a(k, j)=a(r, j); a(r, j)=z;
end
z=b(k); b(k)=b(r); b(r)=z;
end
% 消元过程
for i=k+1: n
m1=a(i, k)/a(k, k);
for j=k+1: n
a(i, j)=a(i, j)-m1* a(k, j);
end
b(i)=b(i)-m1* b(k);
end
end
```

```
for k=n: -1: 1   % 回代求解
for j=k+1: n
b(k)=b(k)- a(k, j)* x(j);
end
x(k)=b(k)/a(k, k);
end
```

例 2-3　采用十进制八位浮点数，分别用高斯消去法和列主元高斯消去法求解线性方程组（进行比较）：

$$\begin{cases} \varepsilon x_1+x_2=1 \\ x_1+x_2=2 \end{cases} \qquad (\varepsilon=10^{-9})$$

精确解为：$x_1=\dfrac{1}{1-10^{-9}}=1.\overbrace{00\ \cdots}\ 0100\cdots$，$x_2=2-x_1=0.\overbrace{99\ \cdots}\ 9899\cdots$

解：在命令窗口输入

```
>>   A=[1e-9 1; 1 1];
>>b=[1; 2]
>>   X=Gauss(A, b)
>>   X1=LGauss(A, b)
X=0.00000000000000
   0.99999999900000
X1=1.00000000100000
   0.99999999900000
```

显然，高斯消去法计算解与精确解相差太大。原因是用很小的数 $\varepsilon=10^{-9}$ 作除数，使得舍入误差太大，从而计算结果不可靠。用列主元高斯消去法求解结果较好，此例说明，在采用消去法解方程组时，应避免采用绝对值很小的主元素 $a_{kk}^{(k)}$。

例 2-4　某一装置运动轨迹为一圆锥曲线

$$x^2+bxy+cy^2+dx+ey+f=0$$

在运动轨迹上测得 5 个不同的点：

$c_1(14.38,\ 3.94)$，$c_2(11.38,\ 2.79)$，$c_3(7.42,\ 3.07)$，$c_4(6.38,\ 5.11)$，$c_5(8.81,\ 2.59)$，试形成 b，c，d，e，f 所满足的方程，利用列主元消去法编程求出 b，c，d，e，f 的近似值。

解：可分别采用两种不同的方法，进行求解。

参考程序如下：

方法一：利用符号运算求解。

```
syms x y b c d e f
g=sym(' b* x* y+c* y* y+d* x+e* y+f+x* x' );
subs(g, {x, y}, {14.38, 3.94})
subs(g, {x, y}, {11.38, 2.79})
```

```
subs(g, {x, y}, {7.42, 3.07})
subs(g, {x, y}, {6.38, 5.11})
subs(g, {x, y}, {8.81, 2.59})
```

利用符号运算得出满足已知条件的方程组左边为

```
ans=141643/2500* b+38809/2500* c+719/50* d+197/50* e+f+516961/2500
ans=158751/5000* b+77841/10000* c+569/50* d+279/100* e+f+323761/2500
ans=113897/5000* b+94249/10000* c+371/50* d+307/100* e+f+137641/2500
ans=163009/5000* b+261121/10000* c+319/50* d+511/100* e+f+101761/2500
ans=228179/10000* b+67081/10000* c+881/100* d+259/100* e+f+776161/10000
```

对上述方程进行整理求解，得到

```
A=[141643/2500 38809/2500 719/50 197/50 1;
158751/5000 77841/10000 569/50 279/100 1;
113897/5000 94249/10000 371/50 307/100 1;
163009/5000 261121/10000 319/50 511/100 1;
228179/10000 67081/10000 881/100 259/100 1]
B=[-516961/2500 -323761/2500 -137641/2500 -101761/2500 -776161/10000]
X=LGauss(A, B)
```

回车得到

```
X=-1.4406
   1.4661
-15.3421
  -5.8426
  95.7173
```

方法二：编程求解。

```
x=[14.38, 11.38, 7.42, 6.38, 8.81]
y=[3.94, 2.79, 3.07, 5.11, 2.59]
for i=1: 5
A(i, 1)=x(i)* y(i);
A(i, 2)=y(i)* y(i);
A(i, 3)=x(i);
A(i, 4)=y(i);
A(i, 5)=1;
B(i)=-x(i)* x(i);
end
X=LGauss(A, B)
```

回车得到：

```
X=-1.4406
```

1.4661
-15.3421
-5.8426
95.7173

三、高斯—约当消去法

前面所述的消去法均要进行两个过程，即消元过程和回代过程。但对消元过程稍加改变可以把方程组化为对角形，此时求解就不要回代了。这种无回代过程的主元素消去法称为高斯-约当(Jordan)消去法。

假设经过 $k-1$ 步运算，得到第 $k(1\leqslant k\leqslant n-1)$ 步等价方程组

$$A^{(k)}X=b^{(k)}$$

其中相应的矩阵为

$$A^{(k)}=\begin{bmatrix}1 & & a_{1k}^{(k)} & \cdots & a_{1n}^{(k)}\\ & \ddots & \vdots & & \vdots\\ & & 1\ a_{k-1k}^{(k)} & \cdots & a_{k-1n}^{(k)}\\ & & a_{kk}^{(k)} & \cdots & a_{kn}^{(k)}\\ & & \vdots & & \vdots\\ & & a_{nk}^{(k)} & \cdots & a_{nn}^{(k)}\end{bmatrix},\quad b^{(k)}=\begin{bmatrix}b_1^{(k)}\\ \vdots\\ b_{k-1}^{(k)}\\ b_k^{(k)}\\ \vdots\\ b_n^{(k)}\end{bmatrix}$$

当 $a_{kk}^{(k)}\neq0$ 时，将 $a_{kk}^{(k)}$ 元素化为 1，将其他的 $n-k$ 个元素都化为零。即计算

(新第 k 行)=(第 k 行)$/a_{kk}^{(k)}$

(新第 i 行)=(第 i 行)$-a_{ik}^{(k)}$(新第 k 行)　$i=1,\ 2,\ \cdots,\ n,\ i\neq j$

这样就得到第 $k+1$ 个等价方程组

$$A^{(k+1)}X=b^{(k+1)}$$

其相应的矩阵为

$$A^{(k+1)}=\begin{bmatrix}1 & & a_{1k+1}^{(k+1)} & \cdots & a_{1n}^{(k+1)}\\ & \ddots & \vdots & & \vdots\\ & & 1\ a_{kk+1}^{(k+1)} & \cdots & a_{kn}^{(k+1)}\\ & & a_{k+1k+1}^{(k+1)} & \cdots & a_{k+1n}^{(k+1)}\\ & & \vdots & & \vdots\\ & & a_{nk+1}^{(k+1)} & \cdots & a_{nn}^{(k+1)}\end{bmatrix},\quad b^{(k+1)}=\begin{bmatrix}b_1^{(k+1)}\\ \vdots\\ b_{k-1}^{(k+1)}\\ b_k^{(k)}\\ \vdots\\ b_n^{(k)}\end{bmatrix}\tag{2-4}$$

式中，$a_{kj}^{(k+1)}=\dfrac{a_{kj}^{(k)}}{a_{kk}^{(k)}}\ j=k+1.\ k+2,\ \cdots,\ n$

$b_k^{(k+1)}=\dfrac{b_k^{(k)}}{a_{kk}^{(k)}}\ j=k+1.\ k+2,\ \cdots,\ n$

$a_{ij}^{(k+1)}=a_{ij}^{(k)}-a_{ik}^{(k+1)}\quad i=1,\ 2,\ \cdots,\ n(i\neq k),\ j=k+1,\ k+2,\ \cdots,\ n$

$b_i^{(k+1)}=b_i^{(k)}-a_{ik}^{(k)}b_k^{(k)}\quad i=1，2，\cdots，n(i\neq k)$

在高斯-约当消去法中仍然存在主元对解的影响问题，因此，仍然需要按列选取主元，克服由于主元绝对值太小而对舍入误差的影响。其方法与高斯消去法相同，即在式(2-4)的第 k 列，从 $a_{kk}^{(k)}$ 到 $a_{nk}^{(k)}$ 中选取绝对值最大的元素作为主元，即

$$|a_{rk}^{(k)}|=\max_{k\leqslant i\leqslant n}|a_{ik}^{(k)}|$$

若 $a_{rk}^{(k)}=0$，此时矩阵奇异，方程的解不确定(无解或有无穷解，则停止计算；否则，当 $r>k$，时，则在其矩阵中交换第 k 行和第 r 行。再按高斯—约当消去法的方法进行消元运算。

在对 $k=1，2，\cdots，n$ 完成上述运算后，得到

$$A^{(n+1)}X=b^{(n+1)}$$

其相应的矩阵为

$$A^{(n+1)}=\begin{bmatrix}1 & & & \\ & 1 & & \\ & & \ddots & \\ & & & 1\end{bmatrix}，\quad b^{(n+1)}=\begin{bmatrix}b_1^{(n+1)}\\ b_2^{(n+1)}\\ \vdots\\ b_n^{(n+1)}\end{bmatrix}$$

这样可直接得到方程组 $AX=b$ 的解。

$$x_1=b_1^{n+1}，\quad x_1=b_2^{n+1}，\quad \cdots，\quad x_n=b_n^{n+1}$$

参考程序如下：

```
function x = Gau_ Jor(a, b)
[n, m] = size(a); x = zeros(n, 1);
for k = 1: n     % 选主元
max1 = 0;
for i = k: n
if abs(a(i, k))>max1
max1 = abs(a(i, k)); r = i;
end
end
if max1<1e- 10
return
end              % 交换两行
if r>k
for j = k: n
z = a(k, j); a(k, j) = a(r, j); a(r, j) = z;
end
z = b(k); b(k) = b(r); b(r) = z;
end
% 消元计算
```

```
b(k)=b(k)/a(k, k);
for j=k+1: n
a(k, j)=a(k, j)/a(k, k);
end
for i=1: n
if i~=k
for j=k+1: n
a(i, j)=a(i, j)- a(i, k)* a(k, j);
end
b(i)=b(i)- a(i, k)* b(k);
end
end
end
for i=1: n
x(i)=b(i);
end
```

例 2-5　用高斯-约当消去法求解下列方程：

$$\begin{cases}x_1+2x_2+3x_3=1\\5x_1+4x_2-10x_3=0\\3x_1-0.1x_2+x_3=2\end{cases}$$

解：$A=\begin{bmatrix}1&2&3\\5&4&-10\\3&0.1&1\end{bmatrix}$，$b=\begin{bmatrix}1\\0\\2\end{bmatrix}$

在命令窗口输入

```
>> A=[1 2 3; 5 4 -10; 3 -0.1 1];
>>b=[1; 0; 2];
>>X=Gau_ Jor(a, b)
```

回车，得到运算结果

```
X=0.5837
   -0.1435
    0.2344
```

第二节　三角分解法

求解线性方程组除了消去法，还有矩阵分解方法。所谓矩阵分解方法，就是将系数矩阵 A 分解成两个或者多个简单矩阵的乘积，由于分解后的矩阵具有某种特殊性，因此便于方程组的求解。

一、LU 分解法

对于矩阵 A，若存在一个单位下三角矩阵 L 和一个上三角矩阵 U，使得

$$A=LU \tag{2-5}$$

即

$$\begin{bmatrix} a_{11} & a_{12} \cdots & a_{1n} \\ a_{21} & a_{22} \cdots & a_{2n} \\ \vdots & \vdots & \vdots \\ a_{n1} & a_{n2} \cdots & a_{2n} \end{bmatrix} = \begin{bmatrix} 1 & & & \\ l_{21} & 1 & & \\ \vdots & \vdots & \ddots & \\ l_{n1} & l_{n2} & \cdots & 1 \end{bmatrix} \begin{bmatrix} u_{11} & u_{12} & \cdots & u_{1n} \\ & u_{22} & \cdots & u_{2n} \\ & & \ddots & \vdots \\ & & & u_{nn} \end{bmatrix} \tag{2-6}$$

上述分解称为矩阵 A 的 LU 分解。

在式(2-6)中，利用矩阵 L 的第一行与矩阵 U 的各列相乘，可以得到矩阵 U 的第一行

$$u_{1j}=a_{1j} \qquad j=1,\ 2,\ \cdots,\ n \tag{2-7}$$

利用矩阵 L 的第 1 行和矩阵 U 的第 l 列相乘，得到矩阵 L 的第一列，

$$l_{il}=\frac{a_{il}}{u_{11}} \qquad j=2,\ 3,\ \cdots,\ n \tag{2-8}$$

如果已确定出矩阵 U 的第 1 行到第 $k-1$ 行与矩阵 L 的第 1 列到第 $k-1$ 列，现在来求矩阵 U 和第 k 行和 L 的第 k 列。

利用式(2-6)中矩阵 L 的第 k 行与矩阵 U 的第 $j(j\geqslant k)$ 列相乘，得到矩阵 U 的第 k 行

$$u_{kj} = a_{kj} - \sum_{q=1}^{k-1} l_{kq}u_{qj} \qquad i = k,\ k+1,\ \cdots,\ n \tag{2-9}$$

利用矩阵 L 的第 $i(i>k)$ 行与矩阵 U 的第 k 列相乘，得到矩阵 L 的第 k 列

$$l_{ik} = (a_{ik} - \sum_{q=1}^{k-1} l_{iq}u_{qk})/u_{kk} \qquad i = k+1,\ k+2,\ \cdots.,\ n \tag{2-10}$$

显然，式(2-9)和式(2-10)对于 $k=2，3，\cdots，n$ 都成立。

由式(2-5)，将方程组 $AX=b$ (2-11)

改写为 $L(Ux)=b$ (2-12)

则方程组求解可分成两部分完成。

令 $y=Ux$，则方程组(2-12)可写成

$$Ly=b \text{ 和 } Ux=y$$

由上式得到

$$y_k = b_k - \sum_{j=1}^{k-1} l_{kj}y_j \qquad k = 1,\ 2\cdots.n \tag{2-13}$$

$$x_k = (y_k - \sum_{j=k+1}^{n} u_{kj}x_j)/u_{kk} \qquad k = n,\ n-1,\ \cdots,\ 1 \tag{2-14}$$

参考程序如下：

```
function [L, U] = LU(a)
[n, m] = size(a);
```

```
L=eye(n); U=zeros(n);
for k=1: n
for j=k: n
z=0;
for q=1: k-1
z=z+L(k, q)* U(q, j);
end
U(k, j)=a(k, j)-z;
end
if abs(U(k, k))<1e-6
return;
end
for i=k+1: n
z=0;
for q=1: k-1
z=z+L(i, q)* U(q, k);
end
L(i, k)=(a(i, k)-z)/U(k, k);
end
end
```

例 2-6　用 LU 分解法解方程 $\begin{bmatrix}1&2&3\\2&5&2\\3&1&5\end{bmatrix}\begin{bmatrix}x_1\\x_2\\x_3\end{bmatrix}=\begin{bmatrix}14\\18\\20\end{bmatrix}$。

解：在命令窗口输入

```
>> a=[1 2 3; 2 5 2; 3 1 5]
>> b=[14, 18, 20]'
>> [L, U]=LU(a)
y=L \ b
x=U \ y
```

回车，得到运算结果

```
L=1    0    0
  2    1    0
  3   -5    1
U=  1    2    3
    0    1   -4
    0    0  -24
```

```
y = 14
   - 10
   - 72
x =   1
      2
      3
```

二、对称正定矩阵的乔莱斯基分解

1. 平方根法

对于正定对称矩阵 A，若存在下三角 L，使得

$$A = LL^T$$

即

$$\begin{bmatrix} a_{11} & a_{12} \cdots & a_{1n} \\ a_{21} & a_{22} \cdots & a_{2n} \\ \vdots & \vdots & \vdots \\ a_{n1} & a_{n2} \cdots & a_{2n} \end{bmatrix} = \begin{bmatrix} l_{11} & & \\ l_{21} & l_{22} & \\ \vdots & \vdots & \ddots \\ l_{n1} & l_{n2} \cdots & l_{nn} \end{bmatrix} \begin{bmatrix} l_{11} & l_{21} & \cdots & l_{n1} \\ & l_{22} & \cdots & l_{n2} \\ & & \ddots & \vdots \\ & & & l_{nn} \end{bmatrix} \tag{2-15}$$

称上述分解为矩阵 A 的 Cholesky(乔莱斯基)分解。

类似于 LU 分解过程的推导，得到

$$l_{kk} = \sqrt{a_{kk} - \sum_{j=1}^{k-1} l_{kj}^2} \tag{2-16}$$

$$l_{ik} = (a_{ik} - \sum_{q=1}^{k-1} l_{iq} l_{kq}) / l_{kk} \qquad i = k+1, k+2, \cdots, n \tag{2-17}$$

称式(2-16)和式(2-17)为对称正定的乔莱斯基分解计算公式。

将方程组 $AX=b$ 化为三角方程组 $Ly=b$ 及 $L^T x=y$，导出相应的求解公式

$$y_k = (b_k - \sum_{j=1}^{k-1} l_{kj} y_j) / l_{kk} \qquad k = 1, 2 \cdots . n \tag{2-18}$$

$$x_k = (y_k - \sum_{i=k+1}^{n} l_{ik} x_i) / l_{kk} \qquad k = n, n-1, \cdots, 1 \tag{2-19}$$

用式(2-18)、式(2-19)求解对称正定方程组长解的方法称为平方根法。

参考程序如下

```
function [L, f] = Chol_ Factor(A)
% 求正定对称矩阵 A 的 Cholesky 分解。
% A 为要分解的矩阵
%  L 为下三角阵
% f 为指标向量，f = 'NO' 表示计算失败，f = 'OK' 表示计算成功。
n = length(A);
L = zeros(n);
```

```
f=' OK' ;
for k=1: n
dd=A(k, k);
for j=1: k-1
dd=dd- L(k, j)^2;
end
if dd<1e-10
f=dd;
return;
end
L(k, k)=sqrt(dd);
for i=k+1: n
L(i, k)=A(i, k);
for j=1: k-1
L(i, k)=L(i, k)- L(i, j)* L(k, j);
end
L(i, k)=L(i, k)/L(k, k);
end
end
```

例 2–7　用平方根法求解方程组

$$\begin{bmatrix} 1 & 2 & 1 & -3 \\ 2 & 5 & 0 & -5 \\ 1 & 0 & 14 & 1 \\ -3 & -5 & 1 & 15 \end{bmatrix} \begin{bmatrix} x_1 \\ x_2 \\ x_3 \\ x_4 \end{bmatrix} = \begin{bmatrix} 1 \\ 2 \\ 16 \\ 8 \end{bmatrix}$$

解：在命令窗口输入：

```
A=[1, 2, 1, -3; 2, 5, 0, -5; 1, 0, 14, 1; -3, -5, 1, 15]
b=[1; 2; 16; 8]
[L, f]=Chol_ Factor(A)
y=L \ b
x=L' \ y
```

回车得到：

```
L=   1    0    0    0
     2    1    0    0
     1   -2    3    0
    -3    1    2    1
f=OK
```

```
y=   1
     0
     5
     1
x=   1
     1
     1
     1
```

2. 改进的平方根法(LDL^T)法

为避免开方运算，将对称正定矩阵 A 做如下分解：

$$A=\begin{bmatrix}1 & & & \\ l_{21} & 1 & & \\ \vdots & \vdots & \ddots & \\ l_{n1} & l_{n2} & \cdots & 1\end{bmatrix}\begin{bmatrix}d_1 & & & \\ & d_2 & & \\ & & \ddots & \\ & & & d_n\end{bmatrix}\begin{bmatrix}1 & l_{21} & \cdots & l_{n1} \\ & 1 & \cdots & l_{n2} \\ & & \ddots & \vdots \\ & & & 1\end{bmatrix}$$

L 及 D 的计算方式如下(为避免重复计算，引进中间量 $t_{ij}=l_{ij}d_j$)

对于 $k=1,2,\cdots,n$，计算

$$d_k = a_{kk} - \sum_{j=1}^{k-1} l_{kj}t_{kj} \qquad k=1,2\cdots.n \tag{2-20}$$

$$t_{ik} = a_{ik} - \sum_{j=1}^{k-1} t_{ik}l_{kj} \qquad i=k+1,k+2,\cdots,n \tag{2-21}$$

$$l_{ik}=t_{ik}/d_k \qquad i=k+1,k+2,\cdots,n \tag{2-22}$$

这一分解的计算量和按 LL^T 分解的计算量差不多，但这里不需要开方运算。

求解 $Ly=b$ 及 $L^Tx=D^{-1}y$ 的计算公式

$$y_k = b_k - \sum_{j=1}^{k-1} l_{kj}y_j \qquad k=1,2\cdots.n \tag{2-23}$$

$$x_k = \frac{y_k}{d_k} - \sum_{i=k+1}^{n} l_{ik}x_i \qquad k=n,n-1,\cdots,1 \tag{2-24}$$

参考程序如下：

```
function [L, D, f]=LDL(A)
% 求正定对称矩阵 A 的 Cholesky 分解。
% A 为要分解的矩阵
%  L 为下三角阵
% D 为对角阵
% f 为指标向量，f='NO' 表示计算失败，f='OK'表示计算成功。
n=length(A);
L=eye(n);
```

```
D=zeros(n);
d=zeros(1, n);
T=zeros(n)
f=' OK' ;
for k=1: n
     d(k)=A(k, k);
for j=1: k-1
d(k)=d(k)-L(k, j)* T(k, j);
end
if abs(d(k))<1e-10
f=' NO' ;
return;
end
for i=k+1: n
T(i, k)=A(i, k);
for j=1: k-1
T(i, k)=T(i, k)-T(i, j)* L(k, j);
end
L(i, k)=T(i, k)/d(k);
end
end
D=diag(d)
```

例 2-8　用改进的平方根法求解方程 $\begin{bmatrix}6&3&2\\3&2&1\\2&1&1\end{bmatrix}\begin{bmatrix}x_1\\x_2\\x_3\end{bmatrix}=\begin{bmatrix}18\\10\\7\end{bmatrix}$。

解：在命令窗口输入：

```
>>A=[6, 3, 2; 3, 2, 1; 2, 1, 1]
B=[18; 10; 7]
[L, D, f]=LDL(A)
y=L \ b
z=inv(D)* y
x=L' \ z
```

回车得到

```
L=1.0000          0          0
   0.5000    1.0000          0
   0.3333         0     1.0000
```

```
D=6.0000         0         0
          0    0.5000         0
          0         0    0.3333
f=OK
y=18.0000
   1.0000
   1.0000
z=3.0000
  2.0000
  3.0000
x=1.0000
  2.0000
  3.0000
```

第三节　线性方程组的迭代法

迭代法是线性方程组的一个重要的实用方法，特别适用于求解在实际中大量出现的系数矩阵为稀疏阵的大型线性方程组。

对变量个数较多的线性方程组

$$Ax=b$$

设计一个迭代公式，任选一初始向量：

$$x^{(0)},\ x^{(1)},\ \cdots,\ x^{(k)},\ \cdots,$$

若该向量序列收敛，其极限值为原线性方程组的解，即：

$$\lim_{k\to\infty} x_i^{(k)} = x_i^* \qquad i=1,\ 2,\ \cdots,\ n$$

记 $x^*=(x_1,\ x_2^*,\ \cdots,\ x_n^*)^T$，有

$$\lim_{k\to\infty} x^{(k)} = x^*$$

一、雅可比迭代法

雅可比迭代法又称为简单迭代法。对线性方程组 $Ax=b$，即

$$\begin{cases} a_{11}x_1+a_{12}x_2+a_{13}x_3+\cdots+a_{1n}x_n=b_1 \\ a_{21}x_1+a_{22}x_2+a_{23}x_3+\cdots+a_{2n}x_n=b_2 \\ \vdots \\ a_{n1}x_1+a_{n2}x_2+a_{n3}x_3+\cdots+a_{nn}x_n=b_n \end{cases} \tag{2-25}$$

若 $a_{ii}\neq 0(i=1,\ 2,\ \cdots,\ n)$，有

$$
\begin{cases}
x_1=\dfrac{1}{a_{11}}(-a_{12}x_2-a_{13}x_3\cdots-a_{1n}x_n+b_1)\\
x_2=\dfrac{1}{a_{22}}(-a_{21}x_1-a_{23}x_3\cdots-a_{2n}x_n+b_2)\\
\vdots\\
x_n=\dfrac{1}{a_{nn}}(-a_{n1}x_1-a_{n2}x_2\cdots-a_{n,n-1}x_{n-1}+b_n)
\end{cases}
\tag{2-26}
$$

记

$$
D=\begin{bmatrix} a_{11} & & & \\ & a_{22} & & \\ & & \ddots & \\ & & & a_{nn}\end{bmatrix},\quad
L=\begin{bmatrix} 0 & & & & \\ a_{21} & 0 & & & \\ a_{31} & a_{32} & 0 & & \\ \vdots & & & \ddots & \\ a_{n1} & a_{n2} & a_{n3} & \cdots & 0\end{bmatrix},\quad
U=\begin{bmatrix} 0 & a_{12} & a_{13} & \cdots & a_{1n} \\ & 0 & a_{23} & \cdots & a_{2n} \\ & & 0 & \ddots & \vdots \\ & & & \ddots & a_{n-1,n} \\ & & & & 0\end{bmatrix}
$$

则式(2-26)可表示为：

$$x=-D^{-1}(L+U)x+D^{-1}b$$

令　$B=-D^{-1}(L+U)$，$d=D^{-1}b$

则　　$x=Bx+d$

迭代过程为：取 $x^{(0)}=(x_1^{(0)}, x_2^{(0)}, \cdots, x_n^{(0)})^T$

代入式(2-26)右端，得

$$
\begin{cases}
x_1^{(1)}=\dfrac{1}{a_{11}}(-a_{12}x_2^{(0)}-a_{13}x_3^{(0)}\cdots-a_{1n}x_n^{(0)}+b_1)\\
x_2^{(1)}=\dfrac{1}{a_{22}}(-a_{21}x_1^{(0)}-a_{23}x_3^{(0)}\cdots-a_{2n}x_n^{(0)}+b_2)\\
\vdots\\
x_n^{(1)}=\dfrac{1}{a_{nn}}(-a_{n1}x_1^{(0)}-a_{n2}x_2^{(0)}\cdots-a_{n,n-1}x_{n-1}^{(0)}+b_n)
\end{cases}
$$

即 $x^{(1)}=Bx^{(0)}+d$

再将 $x^{(1)}$ 代入式(2-26)右端，求得 $x^{(2)}=Bx^{(1)}+d$

如此反复迭代，一般有：$x^{(k+1)}=Bx^{(k)}+d \quad k=0, 1, 2, \cdots$　　(2-27)

即

$$
\begin{cases}
x_1^{(k+1)}=\dfrac{1}{a_{11}}(-a_{12}x_2^{(k)}-a_{13}x_3^{(k)}\cdots-a_{1n}x_n^{(k)}+b_1)\\
x_2^{(k+1)}=\dfrac{1}{a_{22}}(-a_{21}x_1^{(k)}-a_{23}x_3^{(k)}\cdots-a_{2n}x_n^{(k)}+b_2)\\
\vdots\\
x_n^{(k+1)}=\dfrac{1}{a_{nn}}(-a_{n1}x_1^{(k)}-a_{n2}x_2^{(k)}\cdots-a_{n,n-1}x_{n-1}^{(k)}+b_n)
\end{cases}
$$

若$\lim\limits_{k\to\infty} x^{(k)} = x^*$（收敛），则$x^*$就是方程组的解。

以上迭代方法称为雅可比迭代法，也可用下式表示。

$$\begin{aligned} x_i^{(k+1)} &= \frac{1}{a_{ii}}\left(-\sum_{j=1}^{i-1} a_{ij}x_j^{(k)} - \sum_{j=i+1}^{n} a_{ij}x_j^{(k)} + b_i\right) \\ &= x_i^{(k)} + \frac{1}{a_{ii}}\left(b_i - \sum_{j=1}^{n} a_{ij}x_j^{(k)}\right) \end{aligned} \quad i = 1, 2, \cdots, n; \ k = 0, 1, 2, \cdots \quad (2\text{-}28)$$

参考程序如下

```
function [x, k, index] = Jacobi(A, b, ep, it_ max)
% 求解线性方程组的 jacobi 迭代法
% A 为方程组的系数矩阵
% b 为方程组的右端项
% ep 为精度要求，缺省值为 1e- 5
% it_ max 为最大迭代次数，缺省值为 100
% x 为方程组的解
% k 为迭代次数
% index 为指标变量，为 1 时，表示迭代收敛到指定要求；为 0 时，表示迭代失败
if nargin<4                  % 输入参数的个数
     it_ max = 100000;
end
if nargin<3
     ep = 1e- 5;
end
n = length(A);
k = 0;
x = zeros(n, 1); y = zeros(n, 1);
index = 1;
while 1
     for i = 1: n
          y(i) = b(i);
          for j = 1: n
               if j~ = i
                    y(i) = y(i)- A(i, j)* x(j);
               end
          end
if abs(A(i, i))<1e- 10 | k = = it_ max
               index = 0;
               return;
```

```
            end
            y(i)=y(i)/A(i, i);
        end
        if norm(y- x, inf)<ep      % 求向量 y- x 的范数，即 max(abs(y- x))
            break;
        end
        x=y;
        k=k+1;
end
```

例 2-9　求解线性方程组

$$\begin{cases}10x_1-x_2-2x_3=7.2\\-x_1+10x_2-2x_3=8.3\\-x_1-x_2+5x_3=4.2\end{cases}$$

解：在命令窗口输入

```
A=[10 -1 -2; -1 10 -2; -1 -1 5];
b=[7.2; 8.3; 4.2];
[x, k, index]=Jacobi(A, b)
```

回车得到

```
x=1.1000
   1.2000
   1.3000
k=11
index=   1
```

二、高斯-塞德尔迭代法

雅可比迭代法在迭代的每一步计算中用 $x^{(k)}$ 的全部分量计算 $x^{(k+1)}$，而在计算第 i 个分量 $x_i^{(k+1)}$ 时，已算出的最新分量 $x_1^{(k+1)}$，$x_2^{(k+1)}$，…，$x_{i-1}^{(k+1)}$ 未被利用。如果用最新分量代替旧分量去进行计算，所用的迭代法称为高斯-塞德尔迭代法。

迭代过程为：取 $x^{(0)}=(x_1^{(0)}, x_2^{(0)}, \cdots, x_n^{(0)})^T$

第一次迭代为：

$$\begin{cases}x_1^{(1)}=\dfrac{1}{a_{11}}(-a_{12}x_2^{(0)}-a_{13}x_3^{(0)}-\cdots-a_{1n}x_n^{(0)}+b_1)\\x_2^{(1)}=\dfrac{1}{a_{22}}(-a_{21}x_1^{(1)}-a_{23}x_3^{(0)}-\cdots-a_{2n}x_n^{(0)}+b_2)\\\qquad\vdots\\x_n^{(1)}=\dfrac{1}{a_{nn}}(-a_{n1}x_1^{(1)}-a_{n2}x_2^{(1)}-\cdots-a_{n,n-1}x_{n-1}^{(1)}+b_n)\end{cases}$$

则上式可表示为 $$x^{(k+1)}=-D^{-1}(Lx^{(k+1)}+Ux^{(k)})+D^{-1}b \tag{2-29}$$

$$Dx^{(k+1)}=-Lx^{(k+1)}-Ux^{(k)}+b$$

$$(D+L)x^{(k+1)}=-Ux^{(k)}+b$$

因为 $a_{ii}\neq 0(i=1,2,\cdots,n)$，所以 $|D+L|\neq 0$，

$$x^{(k+1)}=-(D+L)^{-1}Ux^{(k)}+(D+L)^{-1}b \tag{2-30}$$

令 $G=-(D+L)^{-1}U$，$d_1=(D+L)^{-1}b$

式(2-30)可用矩阵形式表示为：$x^{(k+1)}=Gx^{(k)}+d_1$ (2-31)

即
$$\begin{cases} x_1^{(k+1)}=\dfrac{1}{a_{11}}(-a_{12}x_2^{(k)}-a_{13}x_3^{(k)}-\cdots-a_{1n}x_n^{(k)}+b_1) \\ x_2^{(k+1)}=\dfrac{1}{a_{22}}(-a_{21}x_1^{(k+1)}-a_{23}x_3^{(k)}-\cdots-a_{2n}x_n^{(k)}+b_2) \\ \vdots \\ x_n^{(k+1)}=\dfrac{1}{a_{nn}}(-a_{n1}x_1^{(k+1)}-a_{n2}x_2^{(k+1)}-\cdots-a_{n,n-1}x_{n-1}^{(k+1)}+b_n) \end{cases} \tag{2-32}$$

为了便于编制程序，式(2-32)可改写为下面形式：

$$\begin{aligned} x_i^{(k+1)} &= \frac{1}{a_{ii}}\left(-\sum_{j=1}^{i-1}a_{ij}x_j^{(k+1)}-\sum_{j=i+1}^{n}a_{ij}x^{(k)}+b_i\right) \\ &= x_i^{(k)}+\frac{1}{a_{ii}}\left(b_i-\sum_{j=1}^{i-1}a_{ij}x_j^{(k+1)}-\sum_{j=i}^{n}a_{ij}x_j^{(k)}\right) \end{aligned} \tag{2-33}$$

其中，$i=1,2,\cdots,n$，$k=0,1,2,\cdots$，初值 $x_i^{(0)}(i=1,2,\cdots,n)$为任意给定数。

参考程序如下：

```
function [x, k, index]=Gau_ Seid(A, b, ep, it_ max)
% 求解线性方程组的 gauss_ Seid 迭代法
% A 为方程组的系数矩阵
% b 为方程组的右端项
% ep 为精度要求，缺省值为 1e-5
% it_ max 为最大迭代次数，缺省值为 250000
% x 为方程组的解
% k 为迭代次数
% index 为指标变量，为 1 时，表示迭代收敛到指定要求；为 0 时，表示迭代失败
if nargin<4
    it_ max=250000;
end
if nargin<3
    ep=1e-5;
end
```

```
n = length(A);
k = 0;
x = zeros(n, 1);
y = zeros(n, 1);
index = 1;
while 1
y = x;
    for i = 1: n
        z = b(i);
        for j = 1: n
            if j~ = i
                z = z- A(i, j)* x(j);
            end
        end
        if abs(A(i, i))<1e- 10  |  k = = it_ max
            index = 0;
            return;
        end
        z = z/A(i, i);
        x(i) = z;
    end
    if norm(y- x, inf)<ep
        break;
    end
    k = k+1;
end
```

例 2-10　试分别用雅可比迭代法，高斯-塞德尔迭代法编程解线性方程组的根。

$$\begin{bmatrix} 5 & 1 & -1 & -2 \\ 2 & 8 & 1 & 3 \\ 1 & -2 & -4 & -1 \\ -1 & 3 & 2 & 7 \end{bmatrix}\begin{bmatrix} x_1 \\ x_2 \\ x_3 \\ x_4 \end{bmatrix}=\begin{bmatrix} -2 \\ -6 \\ 6 \\ 12 \end{bmatrix}$$

要求：$\max|\Delta x_i| = \max\limits_{1\leqslant i\leqslant n}|x_i^{(k+1)} - x_i^{(k)}| < 10^{-5}$时迭代终止。

方程组的精确解为：$x^* = (1,\ -2,\ -1,\ 3)^T$

解：在命令窗口输入

```
>> A = [5 1 -1 -2; 2 8 1 3; 1 -2 -4 -1; -1 3 2 7];
>> b = [-2; -6; 6; 12]
```

```
>> [x, k, index]=Jacobi(A, b, 10e-5)
>> [x1, k, index]=Gau_ Seid(A, b, 10e-5)
```

回车得到

```
x=0.9998
  -1.9999
  -1.0001
   3.0000
k=18
index=    1
x1=1.0000
    -2.0000
    -1.0000
     3.0000
k=11
index=    1
```

三、超松弛迭代法

用雅可比法或高斯-塞德尔迭代法解线性方程组时，收敛速度慢，为了加快收敛速度，常采用超松弛迭代法。

给定一个线性方程组：

$$Ax=b$$

将 A 分解为 $A=I-B$，则该方程组等价于：

$$x=Bx+b \qquad (B=I-A)$$

$$\begin{aligned} x^{(k+1)} &= Bx^{(k)}+b \\ &=(I-A)x^{(k)}+b \\ &=x^{(k)}+b-Ax^{(k)} \\ &=x^{(k)}+r^{(k)} \qquad (k=0,\ 1,\ 2,\ \cdots) \end{aligned}$$

第 k 次近似解 $x(k)$ 并非 $Ax=b$ 的解，$b-Ax^{(k)}=r^{(k)}\neq 0$

应用迭代法实际上是用剩余向量 $r^{(k)}$ 来改进解的第 k 次近似，即第 $k+1$ 次近似是由第 k 次近似加上剩余向量 $r^{(k)}$ 而得到的。

为了加快 $x^{(k+1)}$ 的收敛速度，可考虑给 $r^{(k)}$ 乘上一个适当的因子 ω，从而得到一个加速迭代公式：

$$x^{(k+1)}=x^{(k)}+\omega(b-Ax^{(k)}) \tag{2-34}$$

其中，ω 称为松弛因子。上式的分量形式为：

$$x_i^{(k+1)}=x_i^{(k)}+\omega\left(b_i-\sum_{j=1}^{n}a_{ij}x^{(k)}\right) \qquad (i=1,\ 2,\ \cdots,\ n;\ k=0,\ 1,\ 2,\ \cdots) \tag{2-35}$$

当松弛因子 $\omega<1$ 时称为低松弛法；当松弛因子 $\omega>1$ 时称为超松弛法。超松弛法是解大型方程组，特别是大型稀疏矩阵方程组的有效方法之一，该方法具有计算公式简单，程序设计容易，占用计算机内存较少等优点，但要在计算时要选好松弛因子 ω，一般情况下，ω 的变化范围在 1~2 之间。

参考程序如下：

```
function [x, k, index] = SOR(A, b, ep, w, it_ max)
% 求解线性方程组的超松弛迭代法
% A 为方程组的系数矩阵
% b 为方程组的右端项
% ep 为精度要求，缺省值为 1e- 5
% it_ max 为最大迭代次数，缺省值为 150000
% x 为方程组的解
% w 为松弛因子
% k 为迭代次数
% index 为指标变量，为 1 时，表示迭代收敛到指定要求；为 0 时，表示迭代失败
if nargin<5   % nargin 输入参数的个数
    it_ max = 150000;
end
if nargin<4
    w = 1;
end
if nargin<3
    ep = 1e- 5;
end
n = length(A);
k = 0;
x = zeros(n, 1); y = zeros(n, 1);
index = 1;
while 1
    y = x;
    for i = 1: n
        z = b(i);
        for j = 1: n
            if j~ = i
                z = z- A(i, j)*  x(j);
            end
        end
```

```
            if abs(A(i, i))<1e- 10  |  k= = it_ max
                index=0;
                return;
            end
            z=z/A(i, i);
            x(i)=(1- w)*  x(i)+w*  z;
        end
        if norm(y- x, inf)<ep
            break;
        end
        k=k+1;
end
```

例 2–11 利用超松弛迭代法解例 2–10。

解：在命令窗口输入

```
>> A=[5 1 -1 -2; 2 8 1 3; 1 -2 -4 -1; -1 3 2 7];
>> b=[-2; -6; 6; 12]
>> [x, k, index]=SOR(A, b, 10e- 5, 0. 95)
```

回车得到

```
x=0. 9999
  - 2. 0000
  - 1. 0000
    3. 0000
k=12
index=1
>> [x, k, index]=SOR(A, b, 10e- 5, 1. 15)
x=1. 0000
  - 2. 0000
  - 1. 0000
    3. 0000
k=6
index=    1
>> [x, k, index]=SOR(A, b, 10e- 5, 1. 19)
x=1. 0000
  - 2. 0000
  - 1. 0000
    3. 0000
k=7
```

index = 1

习　题

1. 用列主元高斯消去法解下列方程组。

$$(1)\begin{cases}2x_1+6x_2-4x_3=4\\x_1+4x_2-5x_3=3\\6x_1-x_2+18x_3=2\end{cases}\qquad(2)\begin{cases}2x_1+x_2+2x_3=4\\4x_1+3x_2+x_3=11\\6x_1+x_2+5x_3=13\end{cases}$$

2. 根据各矩阵的条件，对它们进行三角分解和乔列斯基分解。

$$(1)\begin{bmatrix}1&1&1&1\\1&2&3&4\\1&3&6&10\\1&4&10&20\end{bmatrix}\qquad(2)\begin{pmatrix}-2&1&0\\1&-2&1\\0&1&-2\end{pmatrix}$$

3. 解下列线性方程组。

$$\begin{cases}x_1+x_2+3x_3-x_4=-2\\x_1-x_3+x_4=1\\x_1+x_2+2x_3+2x_4=4\\x_1-x_2+x_3-x_4=0\end{cases}$$

4. 用雅可比迭代法解线性方程组

$$\begin{cases}5x_1-3x_4-x_5=2\\-x_1+4x_2-x_5=3\\2x_3-x_4=-1\\-x_1+4x_4-2x_5=-1\\-x_4+2x_5=-1\end{cases}$$

直到 $|x_i^{(k+1)}-x_i^{(k)}|<0.5\times10^{-5}$为止。

5. 用超松弛迭代法解下列方程组

$$\begin{cases}5x_1-3x_4-x_5=2\\-x_1+4x_2-x_5=3\\2x_3-x_4=-1\\-x_1+4x_4-2x_5=-1\\-x_4+2x_5=-1\end{cases}$$

松弛因子 $\omega=1.3$，要求误差满足 $|x_i^{(k+1)}-x_i^{(k)}|<0.5\times10^{-5}$。

第三章　实验物理学中的插值和数据拟合

在有关科学研究和工程计算中，常常会遇到计算函数值等一类问题，然而函数关系往往是很复杂的，甚至没有明显的解析表达式。例如在大学物理实验中根据观测或实验得到一系列的数据，确定了与自变量的某些点相应的函数值，而要计算未测量到的点的函数值，为此可根据测量到的数据构造一个适当的函数近似地去代替要寻求的函数，这就是本章要介绍的插值和数据拟合。

在实际中，常常要处理由实验或测量所得到的一些离散数据。插值与拟合方法就是要通过这些数据去确定某一类已知函数的参数或寻求某个近似函数，使所得到的近似函数与已知数据有较高的拟合精度。

如果要求这个近似函数(曲线或曲面)经过已知的所有数据点，则称此类问题为插值问题(不需要函数表达式)。如果不要求近似函数通过所有数据点，而是要求它能较好地反映数据变化规律的近似函数的方法称为数据拟合(必须有函数表达式)。而近似函数不一定通过所有的数据点。

第一节　插　值　法

插值和拟合都是根据实际中一组已知数据来构造一个能够反映数据变化规律的近似函数的方法。插值问题不一定得到近似函数的表达形式，仅通过插值方法找到未知点对应的值。数据拟合要求得到一个具体的近似函数的表达式。

当数据量不够，需要补充，且认定已有数据可信时，通常利用函数插值方法。实际问题当中碰到的函数$f(x)$是各种各样的，有的表达式很复杂，有的甚至给不出数学的式子，只提供了一些离散数据(例如，某些点上的函数值和导数值)，这就需要我们利用函数插值的方法，补充有关的数据。

MATLAB 提供了不同类型的插值函数，一般有最邻近插值、线性插值、三次插值和三次样条插值等，另外，还可利用 MATLAB 编程实现拉格朗日插值(lagrange 插值)和 Newton 插值。

一、一维插值

一维插值函数是进行数据分析的重要手段。可利用函数 interp1 进行一维插值，其常用的语法形式是：

yi = interp1(x, y, xi, method)

其中，x，y 为插值节点坐标，xi 为被插值点坐标，yi 为 xi 处的插值结果，method 是一个可选的字符串，指定一种插值方法，具体内容如下：

（1）method='nearest'：最邻近插值，该方法将插值点的值设置为已知数据点中距离最近的点的值；

（2）method='linear'：线性插值，该方法用线性函数拟合每对数据点，并返回 xi 处的相关函数值；

（3）method 'spline'：三次样条插值，该方法用三次样条函数拟合每对数据点，用 spline 函数在插值点处进行三次样条插值；

（4）method='pchip'或'cubic'：立方插值，该方法用 pchip 函数对矢量 x 和 y 进行分段三次 Hermite 插值。

（5）method 缺省时，为分段线性插值。

这几种方法在速度、内存和平滑性等方面有所差别，使用时可以根据需要进行选择，其中：最邻近法插值是最快的方法，但是，利用它得到的结果平滑性最差；线性插值比最邻近插值要占用更多的内存，运行时间略长。与最邻近不同，它生成的结果是连续的，但是在顶点处会有坡度变化；三次样条插值的运行时间相对来说最长，内存消耗比三次插值略少。它生成的结果平滑性最好。但是，如果输入数据不很均匀，可能会得到意想不到的结果；三次插值需要更多内存，而且运行时间比最邻近法和线性插值法都长，而且，使用此方法时，插值数据及其导数都是连续的。

在上述运算时，所有的插值方法都要求 x 是单调的，并且 xi 不能够超过 x 的范围。

例 3-1 从 1 点 12 点的 11 小时内，每隔 1 小时测量一次温度，测得的温度的数值依次为：5，8，9，15，25，29，31，30，22，25，27，24。试估计每隔 1/10 小时的温度值。

解：为了便于比较，下面给出了五种不同插值方法的计算结果。

```
for k=1: 5
hours=1: 12;
temps=[5 8 9 15 25 29 31 30 22 25 27 24];
h=1: 0. 1: 12;
if k==1
t=interp1(hours, temps, h, ' nearest' );
end
if k==2
t=interp1(hours, temps, h, ' linear' );
end
if k==3
t=interp1(hours, temps, h, ' spline' );
end
if k==4
t=interp1(hours, temps, h, ' cubic' );
end
```

```
if k==5
t=interp1(hours, temps, h);
end
subplot(2, 3, k)
plot(hours, temps, '+', h, t, hours, temps, 'r:')
xlabel('Hour'), ylabel('Degrees Celsius')
end
```

不同插值方法的计算结果见图 3-1，其中(a)，(b)，(c)，(d)，(e)分别表示最邻近插值、线性插值、三次样条插值、立方插值和分段线性插值，从图中不难看出，三次样条插值的平滑性最好，最邻近法插值的平滑性最差。

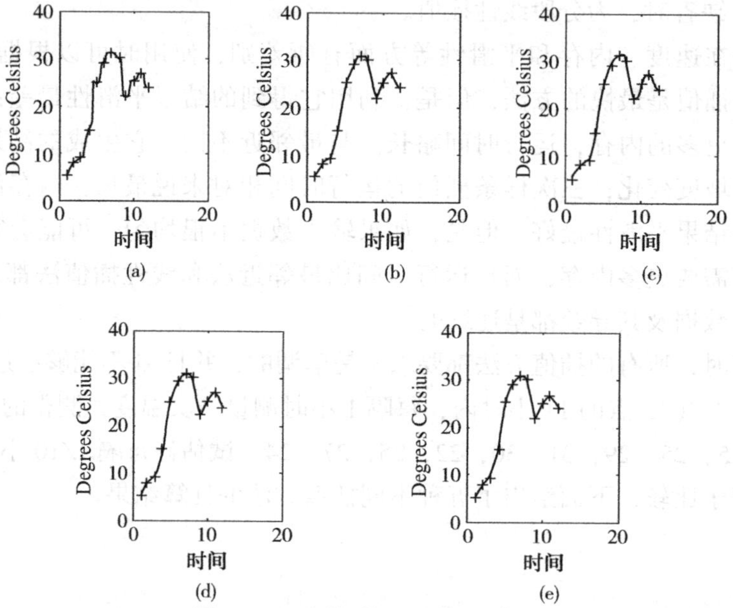

图 3-1　不同插值法计算结果图

例 3-2　已知飞机下轮廓线上数据如下，求 x 每改变 0.1 时的 y 值。

X	0	3	5	7	9	11	12	13	14	15
Y	0	1.2	1.7	2.0	2.1	2.0	1.8	1.2	1.0	1.6

解：利用插值函数可对上述数据进行插值，参考程序如下：

```
x=[0 3 5 7 9 11 12 13 14 15];
y=[0 1.2 1.7 2 2.1 2 1.8 1.2 1 1.6];
h=0: 0.1: 15;
t=interp1(x, y, h, 'spline');
plot(x, y, '+', h, t, x, y, 'r:')
xlabel('X'), ylabel('Y')
```

插值结果见图 3-2。

二、二维插值

二维插值在图象处理和数据可视化方面有着很重要的应用，可用函数 interp2 进行二维插值。该函数的一般形式为：

z=interp2(x0，y0，z0，x，y，method)

其中，x0，y0，z0 为插值节点坐标，x，y 为被插值点坐标，z 为被插值点的函数值，method 为插值方法，可选择如下：

（1）method=‘nearest’，最邻近插值，该方法用分段常数曲线拟合数据，插值点的值是最近点的值；

（2）method=‘linear’，双线性插值，该方法用双线性曲面拟合数据点，插值点的值是四个最近点的值的组合。本方法是分段三次的，比双三次分段插值快，并且内存消耗更少；

（3）method=‘‘cubic’，双三次插值，该方法用双三次曲面；

（4）method 缺省时为双线性插值。

使用该方法时，要求 x0，y0 单调；x，y 可取为矩阵，或 x 取行向量，y 取为列向量，x，y 的值分别不能超出 x0，y0 的范围。

例 3-3　测得平板表面 3×5 网格点处的温度分别为：

82	81	80	82	84
79	63	61	65	81
84	84	82	85	86

试作出平板表面的温度分布曲面 $z=f(x, y)$ 的图形。

解：输入以下命令：

```
x=1: 5; y=1: 3;
temps=[82 81 80 82 84; 79 63 61 65 81; 84 84 82 85 86];
mesh(x, y, temps)
hold on
xlabel(' x' );
ylabel(' y' );
zlabel(' z' );
```

在三维坐标系中根据原始数据，可画出粗糙的温度分布曲线图(图 3-3)。再输入以下命令：

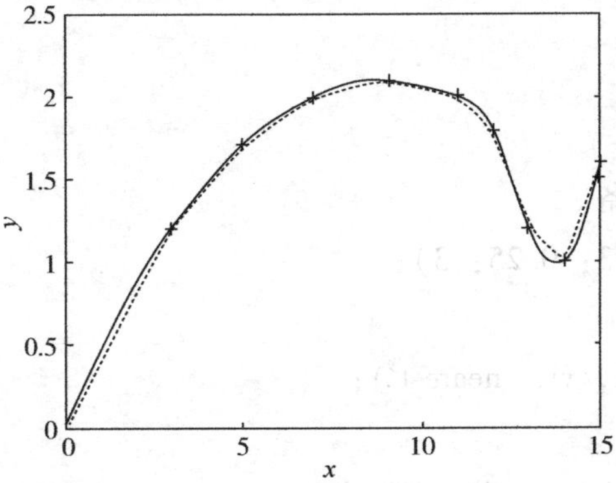

图 3-2　插值结果

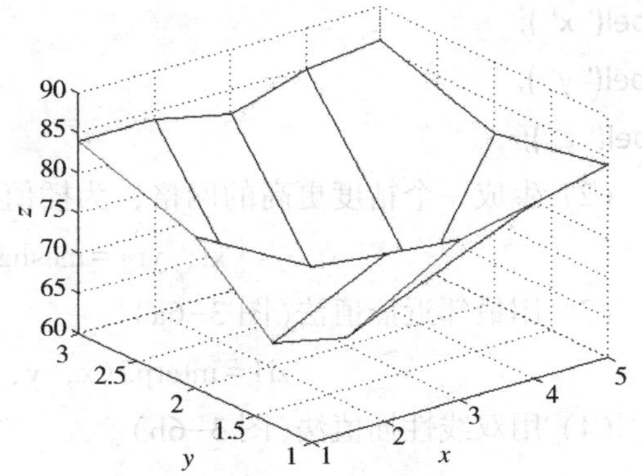

图 3-3　温度分布曲线图

```
xi=1: 0.2: 5; yi=1: 0.2: 3;
zi=interp2(x, y, temps, xi', yi, ' cubic' );
mesh(xi, yi, zi)
hold on
xlabel(' x' );
ylabel(' y' );
zlabel(' z' );
```

以平滑数据，在 x、y 方向上每隔 0.2 个单位的地方进行插值。即可画出插值后的温度分布曲面图(图 3-4)。

例 3-4 下面的例子基于一个 7×7 矩阵的数据，试比较各种二维插值方法。

解：(1)生成低分辨率的 peaks 函数图形(图 3-5)。

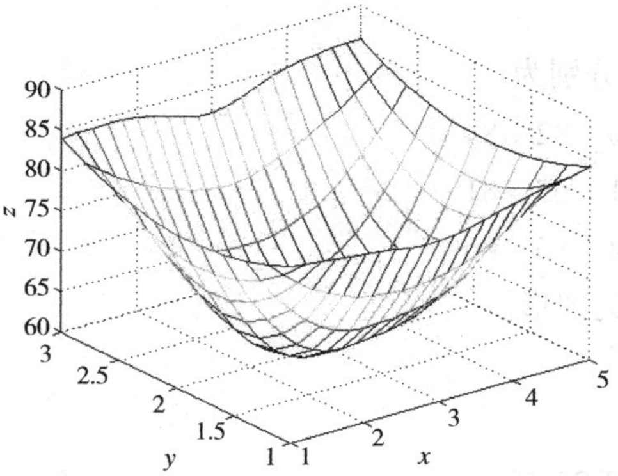

图 3-4 插值后的温度分布曲线图

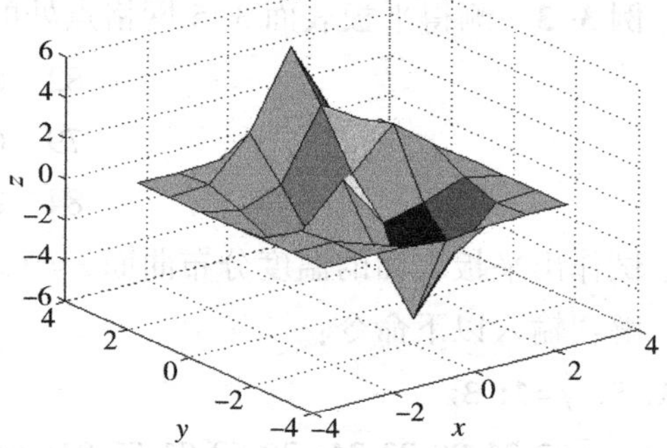

图 3-5 peaks 函数图形

输入以下命令：

```
[x, y]=meshgrid(-3: 1: 3);
z=peaks(x, y);
surf(x, y, z)
hold on
xlabel(' x' );
ylabel(' y' );
zlabel(' z' );
```

(2) 生成一个精度更高的网格，为插值作准备。

```
[xi, yi]=meshgrid(-3: 0.25: 3);
```

(3) 用最邻近插值法(图 3-6a)。

```
zi1=interp2(x, y, z, xi, yi, ´nearest´);
```

(4) 用双线性插值法(图 3-6b)。

```
zi2=interp2(x, y, z, xi, yi, ´linear´);
```

(5) 用双三次插值法(图 3-6c)。

```
zi3 = interp2(x, y, z, xi, yi, 'bicubic');
```

（6）如图 3-6 所示，比较不同插值方法得到的曲面图。

```
surf(xi, yi, zi1);
surf(xi, yi, zi2);
surf(xi, yi, zi3);
```

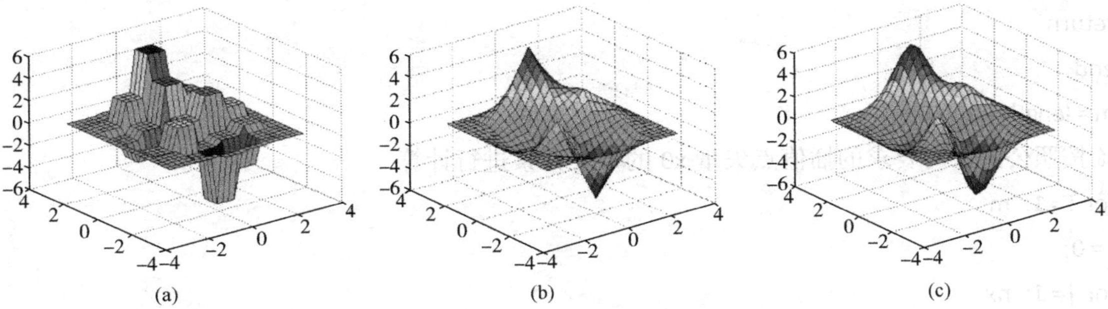

图 3-6　不同插值法得到的曲面图

（7）如图 3-7 所示，比较不同插值方法得到的等值线图。

```
> contour(xi, yi, zi1)
>> contour(xi, yi, zi2)
>> contour(xi, yi, zi3)
```

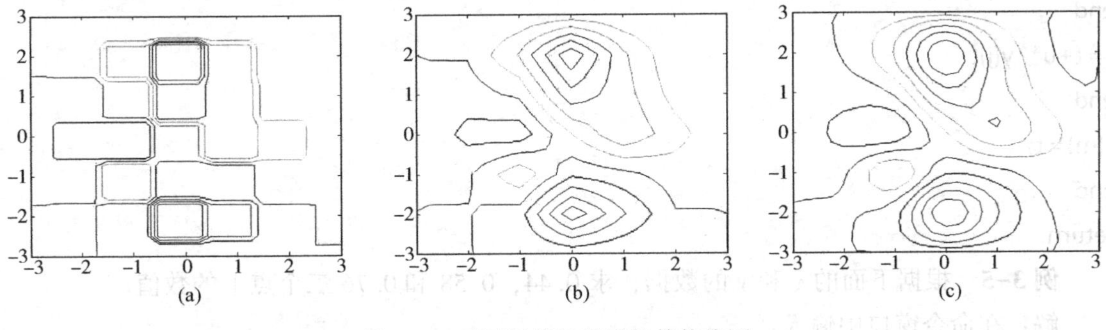

图 3-7　不同插值法得到的等值线图

三、Lagrange 插值

Lagrange 插值在生产实践中应用较多，但是 MATLAB 中没有专门针对 Lagrange 插值的插值函数。为此，可利用 MATLAB 编制有关程序。

设函数 f 在 $n+1$ 个相异点 x_0，x_1，…，x_n 上的函数 $f(x_0)$，$f(x_1)$，…，$f(x_n)$ 是已知的，则可以利用 n 次 Lagrange 插值多项式，求出插值区间内任意 x 处的函数值 $f(x)$。

$$f(x) = \sum_{i=0}^{n} f_i \prod_{\substack{j=0 \\ j\neq i}}^{n} \frac{x - x_j}{x_i - x_j} \tag{3-1}$$

参考程序如下：

```
function s = Lagrange(x, y, x0)
```

```
% Lagrange 插值，x 和 y 为已知的插值点及其函数值
% x0 为要求的插值点的 x 值
nx = length(x); ny = length(y);
if nx~ = ny
warning(' 矢量 x 与 y 的长度应该相同' )
return
end
m = length(x0);
% 按照公式，对要求的插值点矢量 x0 的每个元素进行计算
for i = 1: m
t = 0;
for j = 1: nx
u = 1;
for k = 1: nx
if k~ = j
u = u*  (x0(i)- x(k))/(x(j)- x(k));
end
end
t = t+u*  y(j);
end
s(m) = t;
end
return
```

例 3–5 根据下面的 x 和 y 的数据，求 0. 44，0. 58 和 0. 76 三个点上的数值。

解：在命令窗口中输入：

```
x = [0. 4 0. 5 0. 7 0. 8]; y = [- 0. 9163 - 0. 6931 - 0. 3567 - 0. 2231];
Lagrange(x, y, 0. 44)
Lagrange(x, y, 0. 58)
Lagrange(x, y, 0. 76)
```

回车得到：

```
ans = - 0. 8216
ans = - 0. 5439
ans = - 0. 2748
```

四、Newton 插值

Lagrange 插值公式结构紧凑，在理论分析中非常有用。但当插值点增加、减少或其位

置发生变化时，整个插值公式的结构也将发生变化，这在实际计算中非常不利。而 Newton 插值公式可以克服这个缺点。Newton 插值多项式的公式为

$$L_n(x)=f[x_0]+f[x_0, x_1](x-x_0)+\cdots+f[x_0, x_1, \cdots, x_n](x-x_0)(x-x_1)\cdots(x-x_{n-1}) \tag{3-2}$$

公式中的 $f[x_0, x_1, \cdots, x_n]$ 可以通过下面的公式得到

$$f[x_0, x_1, \cdots, x_k, x_{k+1}]=\frac{f(x, x_0, x_1, \cdots, x_{k-1}, x_{k+1})-f(x, x_0, x_1, \cdots, x_{k-1}, x_k)}{x-x_{k+1}} \tag{3-3}$$

参考程序如下：

```
function s = Newton(x, y, x0, nn)
% Newton 插值，x 与 y 为已知的插值点及其函数值
% x0 为要求的插值点的 x 坐标值，nn 为 Newton 插值多项式的阶数
nx = length(x);
ny = length(y);
if nx~ = ny
    warning(' 矢量 x 与 y 的长度应该相同' )
    return
end
m = length(x0);
% 按照公式，对要求的插值点 x0 的每个元素进行计算
for i = 1: m
    t = 0. 0;
    j = 1;
    yy = y;
    kk = j;
    % 求各级均差
    while(kk< = nn)
        kk = kk+1;
        for k = kk: nx
            yy(k) = (yy(k)- yy(kk- 1))/(x(k)- x(kk- 1));
        end
    end
    % 求差值结果
    t = yy(1);
    for k = 2: nn
        u = 1. 0; jj = 1;
```

```
            while(jj<k)
                  u = u*  (x0(i)- x(jj));
                  jj = jj+1;
            end
            t = t+yy(k)*  u;
      end
      s(i) = t
end
```

例 3-6 下表为 $f(x)=shx$ 的函数表，利用 4 次 Newton 插值多项式插值计算 $f(0.596)$ 的近似值。

x	0.4	0.55	0.65	0.80	0.90	1.05
$f(x)$	0.41075	0.57815	0.69675	0.88811	1.02652	1.25382

解：在命令窗口中输入：

```
>> x = [0. 4 0. 55 0. 65 0. 8 0. 9 1. 05];
>> y = [0. 41075 0. 57815 0. 69675 0. 88811 1. 02652 1. 25382];
>> Newton(x, y, 0. 596, 4)
```

回车得到

```
ans = 0. 6319
```

第二节 曲线拟合

曲线拟合(curve-fitting)顾名思义就是用近似的曲线方程来代表一组离散的数据；曲线拟合与插值有许多相似之处，二者最大区别在于曲线拟合要找出一个曲线函数式，而插值仅求出与数据点对应的函数值而已；曲线拟合运用最小二乘法原理；如果拟合的曲线限定为多项式就称为多项式最小二乘法曲线拟合。MATLAB 提供的曲线拟合有多项式最小二乘法拟合、普通最小二乘法拟合等。

一、最小二乘法

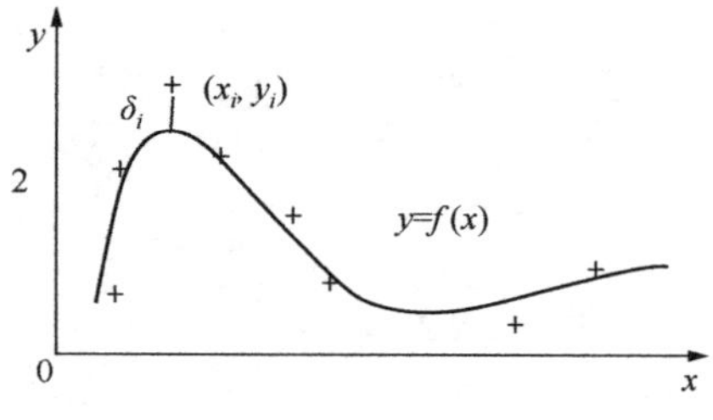

图 3-8 曲线拟合

已知一组(二维)数据，即平面上的 n 个点 (x_i, y_i)，$i=1, 2, 3, \cdots, n$，x_i 互不相同，寻求一个函数(曲线)$y=f(x)$，使 $f(x)$ 在某种准则下与所有数据点最为接近，即曲线拟合得最好，如图 3-8 所示，确定 $f(x)$ 使得误差平方和

$$Q=\sum_{i=1}^{n}\delta_i^2=\sum_{i=1}^{n}[f(x_i)-y_i]^2 \qquad (3-4)$$

达到最小，这种求近似函数的方法称为数据拟合的最小二乘法。

以 $f(x)=a_1x+a_2$ 为例，对相关数据进行拟合，只需要确定 a_1，a_2，使得

$$J(a_1, a_2)=\sum_{i=1}^{n}\delta_i^2=\sum_{i=1}^{n}[(a_1x_i+a_2)-y_i]^2 \tag{3-5}$$

达到最小即可。

为此，只需利用极值的必要条件 $\frac{\partial J}{\partial a_k}=0(k=1, 2)$，得到关于 a_1，a_2 的线性方程组，

$$\begin{cases}\sum_{i=1}^{n}2[(a_1x_i+a_2)-y_i]x_i=0\\ \sum_{i=1}^{n}2[(a_1x_i+a_2)-y_i]=0\end{cases} \tag{3-6}$$

将式(3-6)整理后，得

$$\begin{cases}\left(\sum_{i=1}^{n}x_i^2\right)a_1+\left(\sum_{i=1}^{n}x_i\right)a_2-\sum_{i=1}^{n}x_iy_i=0\\ \left(\sum_{i=1}^{n}x_i\right)a_1+na_2-\sum_{i=1}^{n}y_i=0\end{cases}$$

即

$$\begin{cases}\left(\sum_{i=1}^{n}x_i^2\right)a_1+\left(\sum_{i=1}^{n}x_i\right)a_2=\sum_{i=1}^{n}x_iy_i\\ \left(\sum_{i=1}^{n}x_i\right)a_1+na_2=\sum_{i=1}^{n}y_i\end{cases} \tag{3-7}$$

对上式进行求解，即可求出 a_1，a_2，得到所需的拟合曲线。

二、线性回归

假设有一组数据形态为 $y=y(x)$，其中 $x=\{0\ 1\ 2\ 3\ 4\ 5\}$，$y=\{0\ 20\ 60\ 68\ 77\ 110\}$，如用一个最简单的方程式来表示这组数据，一阶线性方程式是最简单的。

假设其方程式为 $y=20x$，可用下列程序绘出其数据点和相应的曲线。

```
x=[0 1 2 3 4 5];
y=[0 20 60 68 77 110];
y1=20* x
sum_ sq=sum((y- y1). ^2)        % 误差平方和
plot(x, y1, x, y, 'o' )
grid
hold on
xlabel(' x' );
```

```
ylabel(' y' );
```

计算结果：

```
sum_ sq=573
```

误差平方和为573，从图3-9中也可看出，所假设的方程与实际数据的差距很大。从理论上讲，误差平方和最小才是代表数据的最佳方程式，以此标准寻找数据方程式的方法称为最小平方误差法或线性回归。

MATLAB中的polyfit函数提供了从一阶到高阶多项式的回归运算，其形式为

coef=polyfit(x，y，n)，

其中，x、y为输入数据，n为多项式的阶数，coef为输出数组，数值为多项式的系数项。

利用刚才这组数据，可使用最小二乘法建立一阶线性回归方程，回归系数可由polyfit函数确定。参考程序如下：

```
x=[0 1 2 3 4 5]; y=[0 20 60 68 77 110];
coef=polyfit(x, y, 1)
a1=coef(1); a0=coef(2);
ybest=a1* x+a0;
sum_ sq=sum((y- ybest). ^2)
plot(x, ybest, x, y, ' o' );
grid
hold on
xlabel(' x' );
ylabel(' y' );
```

计算结果：

```
coef=    20. 8286        3. 7619
sum_ sq= 356. 8190
```

由此可得到一阶线性回归方程

$$y=20.8286x+3.7619$$

所求方程的直线及x和y的数据点见图3-10，通过比较发现，最小平方误差法获得的误差平方和($Q1=356.8190$)要小于$y=20x$的值($Q=573$)。

三、多项式回归

函数polyfit(x，y，n)中当n大于等于2时，称为多项式回归。对上述数据的x和y分别求二、三、四、五阶多项式回归方程，画出其拟合曲线。

二阶回归的多项式程序如下：

```
x=[0 1 2 3 4 5]; y=[0 20 60 68 77 110];
```

```
coef = polyfit(x, y, 2)
ybest = coef(1)* x. ^2+coef(2)* x+coef(3);
sum_ sq = sum((y- ybest). ^2)
plot(x, ybest, x, y, ' o' )
grid
hold on
xlabel(' x' );
ylabel(' y' );
```

计算结果：

```
coef = - 1. 0536    26. 0964       0. 2500
sum_ sq = 315. 3786
```

二阶回归方程为

$$y = -1.0536x^2 + 26.0964x + 0.2500$$

误差平方和为 315. 3786。

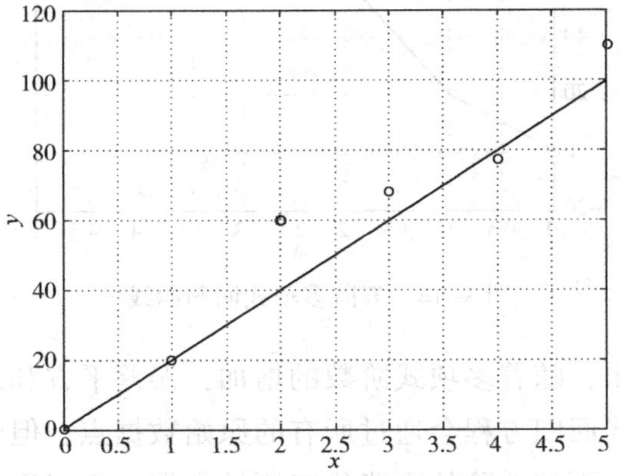

图 3-9　所假设方程与实际数据

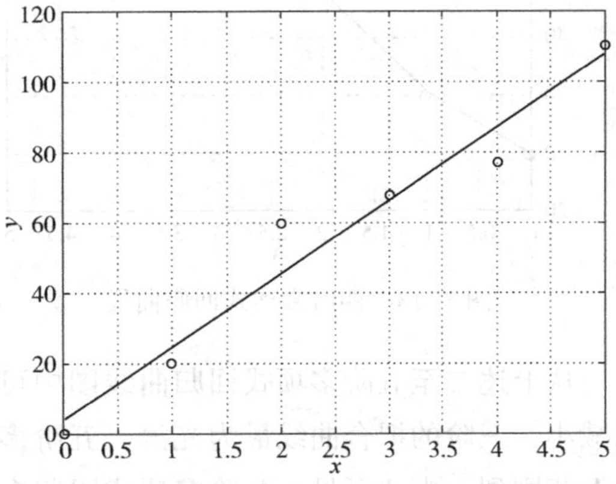

图 3-10　所求方程的直线

同理，可编程得出三、四、五阶多项式的回归方程和拟合曲线，分别见图 3-11 ~ 图 3-14。

三阶回归方程为：

$$y = 1.1019x^3 - 9.3175x^2 + 41.1918x - 3.0556$$

误差平方和为 236. 7063。

四阶回归方程为：

$$y = 1.5625x^4 - 14.5231x^3 + 38.6736x^2 - 3.4511x - 0.3770$$

误差平方和为 35. 8135。

五阶回归方程为：

$$y = -0.7917x^5 + 11.4583x^4 - 57.6250x^3 + 114.5417x^2 - 47.5833$$

误差平方和为 1. 0890e-024。

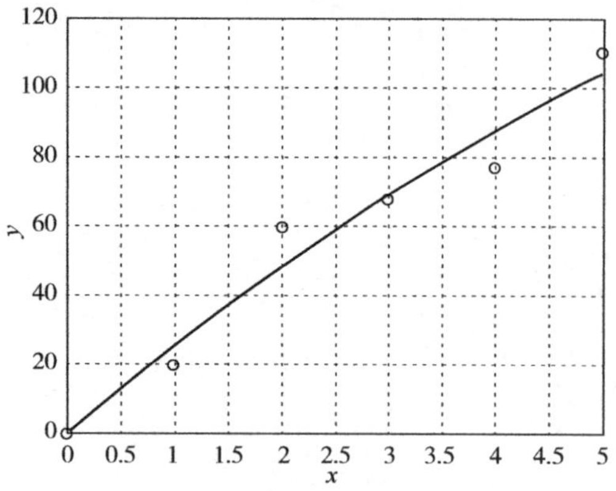

图 3-11　二阶多项式回归曲线

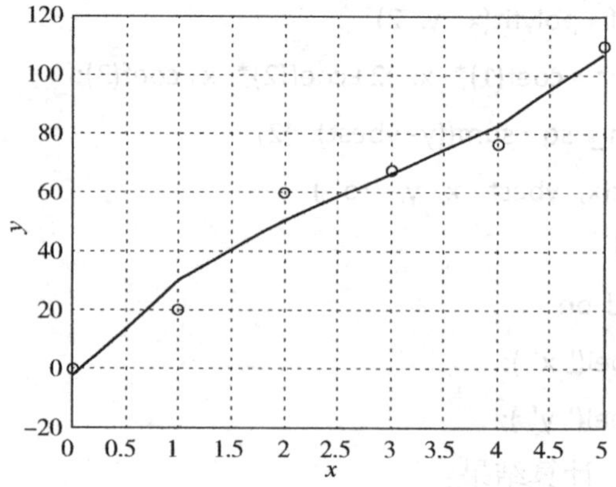

图 3-12　三阶多项式回归曲线

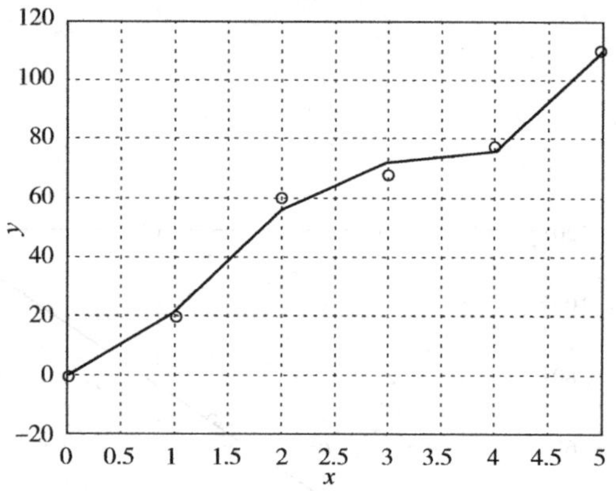

图 3-13　四阶多项式回归曲线

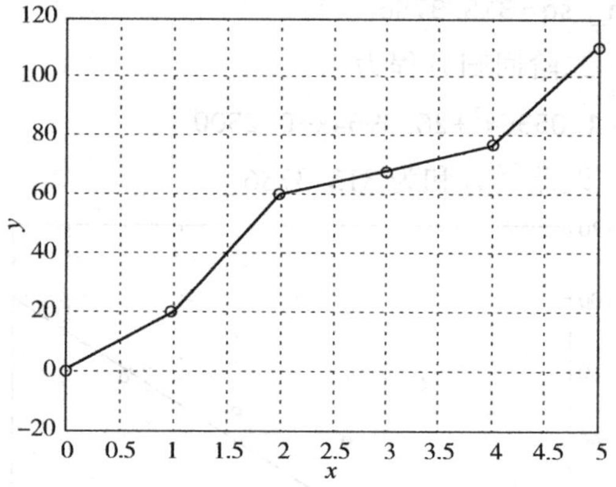

图 3-14　五阶多项式回归曲线

从上述二至五阶多项式回归曲线图中可看出，随着多项式阶数的增加，误差平方和逐渐减小，三阶的拟合曲线最为光滑，五阶多项式回归方程会通过所有的原始数据点，但曲线振荡剧烈。由此可见，高阶多项式回归有时并不如低阶的更能代表原始数据，应根据实际情况，选取合适的多项式阶数。

此外，polyval 也可用来做多项式函数计算，由 polyfit 计算出多项式的系数后，再由 polyval 计算出多项式的函数值，其形式为

polyval(coef, xi)

其中，coef 为多项式的各个系数所构成的数组，xi 为需计算的各点坐标。

利用 polyval，可对上例中的数据做二阶到五阶的多项式回归分析，然后计算多项式的函数值，绘制其曲线，如图 3-15 所示，其中(a)~(d)分别代表二阶到五阶多项式曲线。参考程序如下：

```
x=[0 1 2 3 4 5]; y=[0 20 60 68 77 110];
newx=0: 0.05: 5;
for n=2: 5
f(:, n)=polyval(polyfit(x, y, n), newx)' ;
```

```
subplot(1, 4, n-1);
plot(newx, f(:, n), x, y, ' o' );
hold on
xlabel(' x' );
ylabel(' y' );
grid
end
```

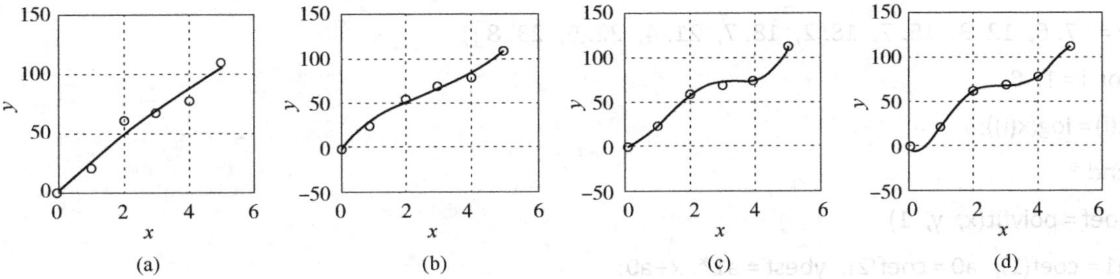

图 3-15　多项式回归曲线

在解决实际问题时，有时通过观察选择多个函数类型进行计算、分析、比较，最后获得较好的数学模型。一般来讲，对一组实验数据用最小二乘法找出合适的数学公式，可分为以下几步：

（1）由实验数据表中的数值点，画出函数的粗略图形，即散点图。

（2）由散点图确定近似公式的函数类型 $f(x)$。

（3）通过最小二乘原理，使得

$$Q = \sum_{i=1}^{n} \delta_i^2 = \sum_{i=1}^{n} [f(x_i) - y_i]^2$$

为最小，来确定函数中的未知参数。

四、对数曲线拟合

对已知数据(x_i, y_i)，$i=1, 2, \cdots, n$，若其散点图呈对数曲线分布，则可用曲线 $y=f(x)=a+b\ln x$ 进行拟合。可令 $X=\ln x$，$Y=y$，则可将其线性化，即 $Y=a+bX$，此时可由 coef=polyfit(x, y, n)函数进行线性回归，得出所求问题的解。

例 3-7　通过实验得到如下表所示的一组数据，求其拟合曲线。

x	1.2214	1.4918	1.8221	2.2255	2.7183	3.3201	4.0552	4.9530
y	7.6	12.3	15.7	18.2	18.7	21.4	22.6	23.8

解：由上述实验数据，作出散点图(图 3-16)。

```
x=[1.2214, 1.4918, 1.8221, 2.2255, 2.7183, 3.3201, 4.0552, 4.9530];
y=[7.6, 12.3, 15.7, 18.2, 18.7, 21.4, 22.6, 23.8];
xlabel(' X' );
```

```
ylabel(' Y' );
hold on
plot(x, y, ' * ' )
```

设 y=a+blnx，X=lnx, Y=y 即

Y=a+bX

参考程序如下：

```
x=[1. 2214, 1. 4918, 1. 8221, 2. 2255, 2. 7183, 3. 3201, 4. 0552, 4. 9530];
y=[7. 6, 12. 3, 15. 7, 18. 2, 18. 7, 21. 4, 22. 6, 23. 8];
for i=1: 8
x(i)=log(x(i));
end
coef=polyfit(x, y, 1)
a1=coef(1); a0=coef(2); ybest=a1*  x+a0;
sum_ sq=sum((y- ybest). ^2)
xlabel(' Ln(X)' );
ylabel(' Y' );
hold on
plot(x, ybest, x, y, ' o' );
grid
```

运算结果

```
coef=     10. 8630       7. 7609
sum_ sq=      12. 8681
```

拟合方程为

y=7. 7609+10. 8630lnx

误差平方和为 12. 8681，拟合曲线见图 3-17。

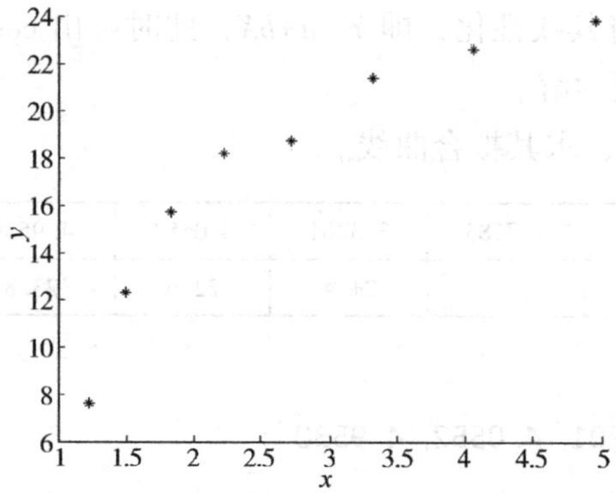

图 3-16　例 3-7 散点图

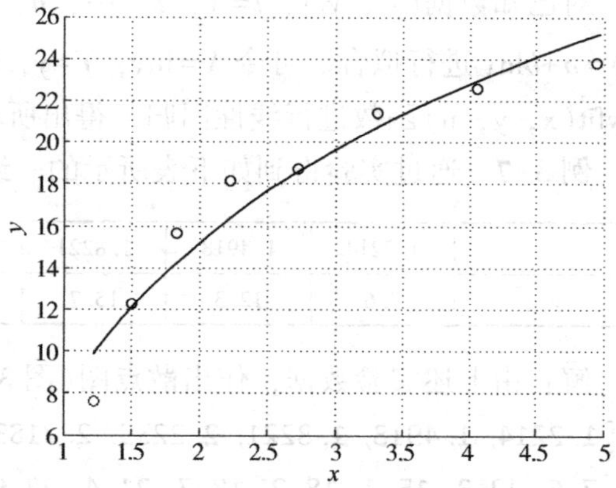

图 3-17　对数曲线拟合图

五、指数曲线拟合

对已知数据(x_i, y_i)，$i=1, 2, \cdots, n$，若其散点图呈指数曲线分布，则可用曲线$y=f(x)=ae^{bx}$进行拟合。可令$Y=\ln y$，$A=\ln a$，$B=b$，则原问题化为$Y=A+Bx$，此时可由 coef=polyfit(x, y, n)函数进行线性回归，得出所求问题的解。

例 3-8　1949~1994 年我国人口数据资料如下：

年份	x	1949	1954	1959	1964	1969	1974	1979	1984	1989	1994
人口数	y	5.4	6.0	6.7	7.0	8.1	9.1	9.8	10.3	11.3	11.8

试建模分析我国人口增长的规律，预报 1999 年我国人口数。

解：可采用两种不同的模型来预报人口数。

模型一：假设人口随时间线性增加，其拟合曲线为

$$y=a+bx$$

运算结果

```
a=0.1480 -283.2320
sum_ sq=        0.3280
```

拟合曲线为

$$y=-283.2320+0.148x$$

误差平方和为 0.3280，拟合曲线见图 3-18。

模型二：假设人口随时间呈指数规律增加，其拟合曲线为

$$y=ae^{bx}$$

可变为　$\ln y=\ln a+bx$，即

$$Y=A+Bx$$

程序如下：

```
x=[1949 1954 1959 1964 1969 1974 1979 1984 1989 1994];
y=[5.4  6.0  6.7  7.0  8.1  9.1  9.8  10.3 11.3  11.8 ];
x1=[1949: 10: 1999];
b=polyfit(x, log(y), 1)
y2=exp(b(2))* exp(b(1)* x1);
plot(x, y, ' * ')
hold on
plot(x1, y2, ' - k' )
hold on
xlabel(' 年份' );
ylabel(' 人口数' )
```

```
sum_ sq=sum((y- exp(b(2)) * exp(b(1)* x)). ^2)
```

运算结果

```
b=   0. 0179   2. 33
sum_ sq=0. 7610
```

所求模型为：

$$y=2.33e^{0.0179x}$$

误差平方和为 0. 7610，拟合曲线见图 3-19。

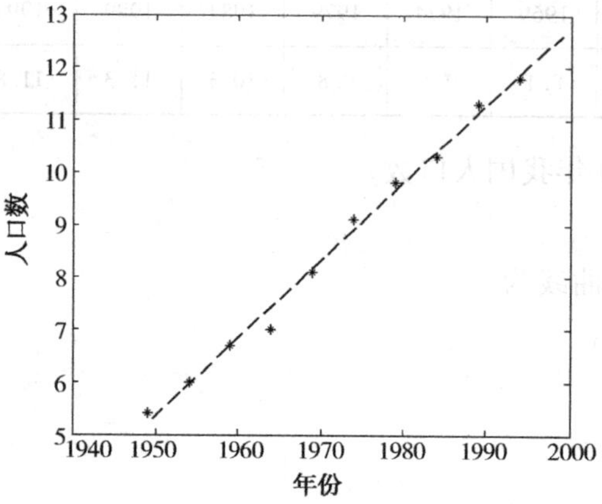

图 3-18 线性拟合曲线

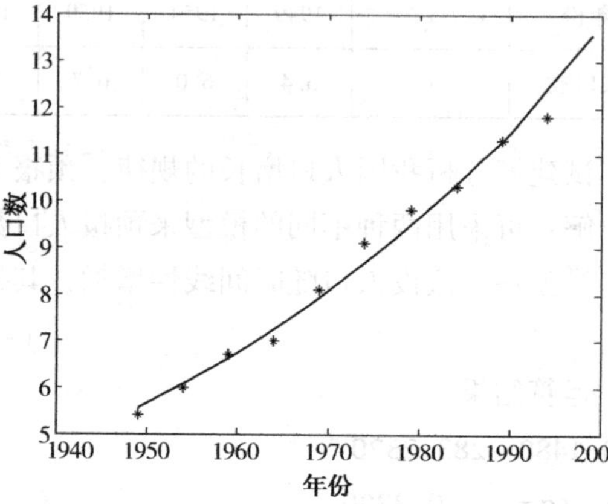

图 3-19 指数拟合曲线

结论的比较如下表：

年 份	x	1949	1954	1959	1964	1969	1974	1979	1984	1989	1994
人口数	y	5. 4	6. 0	6. 7	7. 0	8. 1	9. 1	9. 8	10. 3	11. 3	11. 8
模型一计算值		5. 25	5. 97	6. 70	7. 43	8. 16	8. 90	9. 62	10. 36	11. 09	11. 82
模型一误差		0. 16	0. 03	0. 00	-0. 43	-0. 06	0. 20	0. 18	-0. 06	0. 01	-0. 02
模型二计算值		5. 55	6. 06	6. 62	7. 23	7. 90	8. 64	9. 44	10. 31	11. 26	12. 31
模型二误差		-0. 15	-0. 06	0. 08	-0. 23	0. 20	0. 46	0. 36	-0. 01	0. 610	-0. 51

结果分析：

（1）$Q1=0.3280<0.7610=Q2$，由此说明线性模型更适合中国人口的增长。

（2）预报：线性模型 1999 年为 12. 55 亿，指数模型为 13. 43 亿。

习 题

1. 试用最小二乘法分别求一次和二次多项式，使其与下列数据相拟合，并比较两条曲线的优劣。

x	1.35	1.49	1.73	1.81	1.95	2.16	2.28	2.48
y	14.094	15.069	16.844	17.378	18.435	19.949	20.963	22.495

2. 已知 $\sin 30° = 0.5$，$\sin 45° = 0.7071$，$\sin 60° = 0.8660$，选取适合的插值法估计 $\sin 40°$ 时的近似值。

3. 已知数据见下表，求它的拟合函数。

编号	1	2	3	4	5	6	7	8	9
x	1	3	4	5	6	7	8	9	10
y	10	5	4	2	1	1	2	3	4

4. 已知一组实验数据如下：

x	0	1	2	3	4	5	6	7
y	7.82	7.93	7.98	7.99	7.92	7.91	7.80	7.71

5. 一种新药在投入临床使用前要经过多次的实验测试，测得将某种注射液快速注入人体后，该药品在血液中的浓度 y 与时间 t 的数据如下表：

t	0.5	1.0	1.5	2.0	2.5	3.0	3.5	4.0
y	2.30	2.85	3.21	4.2	4.85	5.60	7.82	10.32
t	4.5	5.0	5.5	6.0	6.5	7.0	7.5	8.0
y	10.68	10.89	11.25	11.64	11.98	12.01	12.15	12.29

要求：作最小二乘法给出药品在血液中的浓度与时间的经验公式，并画出这条曲线。

第四章　有限差分法

物理学和其他学科领域的许多问题在被分析研究之后，往往可以归结为常微分方程或偏微分方程的求解问题。一般说来，处理一个特定的物理问题，除了需要知道它满足的数学方程外，还应当同时知道这个问题的定解条件，然后才能设计出行之有效的计算方法来求解。在数值计算方法中，有限差分法是应用最早的一种方法，直到今天，它仍以其简单、直观的特点而得到广泛的应用。

在有限差分方法中，我们放弃了微分方程中独立变量可以取连续值的特征，而关注独立变量离散取值后对应的函数值。但是从原则上说，这种方法仍然可以达到任意满意的计算精度。因为方程的连续数值解可以通过减小独立变量离散取值的间隔，或者通过离散点上的函数值插值计算来近似得到。这种方法是随着计算机的诞生和应用而发展起来的。其计算格式和程序的设计都比较直观和简单，因而，它的实际应用已经构成了计算数学和计算物理的重要组成部分。

有限差分法的基本思想是利用网格剖分将定解区域(场域)离散化为网格离散结点的集合，然后，基于差分原理的应用，以各离散点上函数的差商来近似代替该点的偏导数，这样，待求的偏微分方程定解问题可转化为相应的差分方程组(代数方程组)问题，解出各离散点上的待求函数值，即为所求定解问题的离散解。若再应用插值方法，便可从离散解得到定解问题在整个场域上的近似解。

对于各种物理问题，应用有限差分法进行数值计算的步骤通常为：

(1) 采用一定的网格划分格式离散化场域，把实际连续的场离散为有限多个点，用这些离散点上的参数近似描述实际上连续的场，也就是所谓场的“离散”。

(2) 基于差分原理的应用，对场域内偏微分方程以及场域边界上的边界条件(包括场域内不同媒质分界面上的边界条件)进行差分离散化处理，即用差商代替偏导数，给出相应的差分计算格式。

(3) 结合一定的代数方程组的解法，编制计算程序，求解由上述步骤所得到的对应于待求边值问题的差分方程的解，即求出结点的函数值。

在第一步中，我们通过所谓的网络分割法，将函数定义域分成大量相邻而不重合的子区域。通常采用的是规则的分割方式。这样可以便于计算机自动实现和减少计算的复杂性。在第二步中，得到差分方程组的数学形式，在第三步中，数值求解的关键就是要应用适当的计算方法，求得特定问题在所有这些节点上的离散近似值。

第一节　差分运算的基本概念

一、差分

设一函数 $f(x)$，当其独立变量 x 有一很小的增量 $\Delta x=h$ 时，相应地函数 $f(x)$ 的增量为

$$\Delta f(x)=f(x+h)-f(x) \tag{4-1}$$

$\Delta f(x)$被称为函数$f(x)$的差分（一阶差分）。它与微分不同，因为差分是有限量的差，故通常也被称为有限差分。但是，只要增量h很小，差分Δf与微分$\mathrm{d}f$之间的差异将很小。

$f(x+h)-f(x)$——一阶向前差分

$f(x)-f(x-h)$——一阶向后差分

根据差分的定义，在差分运算中还常用一阶中心差分，其公式为

$$\Delta f(x)=f\left(x+\frac{h}{2}\right)-f\left(x-\frac{h}{2}\right) \tag{4-2}$$

一阶差分仍是独立变量x的函数。用与式(4-1)计算一阶差分的类似差分方法求二阶差分，得到$\Delta^2 f(x)$，称为原始函数$f(x)$的二阶差分。同样，当h很小时，二阶差分$\Delta^2 f(x)$很接近于二阶微分$\mathrm{d}^2 f$。

二、差商

一阶差分$\Delta f(x)$除以增量h的商称为一阶差商。

$$\frac{\Delta f(x)}{\Delta x}=\frac{f(x+h)-f(x)}{h} \tag{4-3}$$

函数$f(x)$的一阶导数$f'(x)$为

$$f'(x)=\frac{\mathrm{d}f(x)}{\mathrm{d}x}=\lim_{\Delta x\to 0}\frac{\Delta f(x)}{\Delta x}$$

应用差商，$f'(x)$可表示为

$$f'(x)\approx\frac{\Delta f(x)}{\Delta x}=\frac{f(x+h)-f(x)}{h}$$

1. 一阶向前差商

如图4-1所示，当用2，3点的量来表示函数$f(x)$的导数时，可近似地用差商表示为

$$\frac{\mathrm{d}f(x)}{\mathrm{d}x}\approx\frac{\Delta f(x)}{\Delta x}=\frac{f(x+h)-f(x)}{h} \tag{4-4}$$

称为一阶向前差商，它很接近于一阶导数$\frac{\mathrm{d}f}{\mathrm{d}x}$。

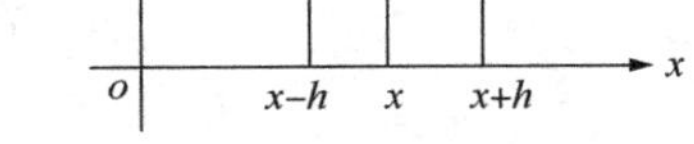

图4-1 差商

2. 一阶向后差商

当用1，2点的量来表示函数$f(x)$的一阶导数时，可近似地用差商表示为

$$\frac{\mathrm{d}f(x)}{\mathrm{d}x}\approx\frac{\Delta f(x)}{\Delta x}=\frac{f(x)-f(x-h)}{h} \tag{4-5}$$

3. 一阶中心差商

当用1，3点的量来表示函数$f(x)$的一阶导数时，则有

$$\frac{\mathrm{d}f(x)}{\mathrm{d}x}\approx\frac{\Delta f(x)}{\Delta x}=\frac{f(x+h)-f(x-h)}{2h} \tag{4-6}$$

函数$f(x)$在x处的导数可用三种差商近似表示，但是哪一种精确度更高，则可通过泰

勒公式的展开式来分析。

由泰勒公式，函数$f(x+h)$和函数$f(x-h)$的近似表达式可写成

$$f(x+h)=f(x)+h\frac{\mathrm{d}f(x)}{\mathrm{d}x}+\frac{1}{2!}h^2\frac{\mathrm{d}f^2(x)}{\mathrm{d}x^2}+\cdots \tag{4-7}$$

$$f(x-h)=f(x)-h\frac{\mathrm{d}f(x)}{\mathrm{d}x}+\frac{1}{2!}h^2\frac{\mathrm{d}f^2(x)}{\mathrm{d}x^2}+\cdots \tag{4-8}$$

略去式(4-7)中h^2以上各项，得到向前差商

$$\frac{\mathrm{d}f(x)}{\mathrm{d}x}=\frac{f(x+h)-f(x)}{h} \tag{4-9}$$

同理，略去式(4-8)中h^2以上各项，得到向后差商

$$\frac{\mathrm{d}f(x)}{\mathrm{d}x}=\frac{f(x)-f(x-h)}{h} \tag{4-10}$$

式(4-7)-式(4-8)，得到中心差商

$$\frac{\mathrm{d}f(x)}{\mathrm{d}x}=\frac{f(x+h)-f(x-h)}{2h} \tag{4-11}$$

根据差商的定义，二阶差商为

$$\frac{\Delta^2 f(x)}{(\Delta x)^2}=\frac{\Delta f(x+h)-\Delta f(x)}{h^2} \tag{4-12}$$

二阶中心差商为

$$\frac{\Delta^2 f(x)}{(\Delta x)^2}=\frac{\Delta f(x+h)-\Delta f(x)+\Delta f(x-h)}{h^2} \tag{4-13}$$

函数$f(x)$的二阶导数$f''(x)$为

$$\begin{aligned}\frac{\mathrm{d}^2 f}{\mathrm{d}x^2}&=\frac{1}{\Delta x}\left(\frac{\mathrm{d}f}{\mathrm{d}x}\Big|_{x+\Delta x}-\frac{\mathrm{d}f}{\mathrm{d}x}\Big|_{x-\Delta x}\right)\\&\approx\frac{1}{h}\left[\frac{f(x+h)-f(x)}{h}-\frac{f(x)-f(x-h)}{h}\right]\\&=\frac{f(x+h)-2f(x)+f(x-h)}{h^2}\end{aligned}$$

显然，二阶差商近似于二阶导数$\frac{\mathrm{d}^2 f}{\mathrm{d}x^2}$，依次类推，可定义更高阶的差分与差商。

对偏导数，可仿照上述方法，将$\frac{\partial u}{\partial x}$表示为

$$\frac{\partial u}{\partial x}\approx\frac{u(x+h,y,z)-u(x,y,z)}{h} \tag{4-14}$$

同样，二阶偏导数可表示为：

$$\frac{\partial^2 u}{\partial x^2}\approx\frac{u(x+h,y,z)-2u(x,y,z)+u(x-h,y,z)}{h^2} \tag{4-15}$$

第二节 矩形域中的拉普拉斯方程和泊松方程的差分格式

一、差分格式

建立差分方程的方法一般有3种：泰勒级数法，积分方程法和变分法。我们只介绍泰勒级数法及积分方程法。以二维拉普拉斯方程和泊松方程为例，阐明差分法的具体实施过程。

假定在 xoy 平面上有一有界区域 D(如图4-2)，其边界 L 假定是分段光滑的曲线。在直角坐标系中，有

$$\frac{\partial^2 u}{\partial x^2}+\frac{\partial^2 u}{\partial y^2}=0\text{(拉普拉斯方程)} \quad (4-16)$$

和

$$\frac{\partial^2 u}{\partial x^2}+\frac{\partial^2 u}{\partial y^2}=-f(x, y)\text{(泊松方程)} \quad (4-17)$$

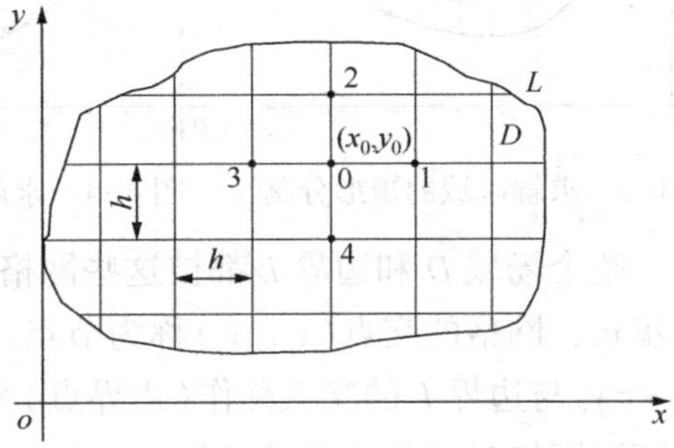

图4-2 有限差分法计算的二维平面场域

我们主要讨论泊松方程式(4-17)。方程式(4-17)的定解条件有下列三种边界条件。

第一类边界条件 $$u|_L=\alpha(x, y) \quad (4-18)$$

第二类边界条件 $$\frac{\partial u}{\partial n}|_L=\beta(x, y) \quad (4-19)$$

第三类边界条件 $$\left(\frac{\partial u}{\partial n}+ku\right)|_L=\gamma(x, y) \quad (4-20)$$

其中，$\alpha(x, y)$，$\beta(x, y)$，$\gamma(x, y)$ 都是已知的连续函数，$k\geqslant 0$，$\frac{\partial u}{\partial n}$ 是沿外法线方向的方向导数。

对于给定的边值问题，应用差分法时，首先需从网格划分着手，决定离散点的分布方式，原则上可以采用任意的分布方式，但这直接影响差分方程的具体内容和运算速度，因此通常采用有规则的网格节点即通过任意的网络划分方法把区域离散为许许多多的小单元。原则上讲这种网格分割是可以任意的，但是在实际应用中，常常是根据边界 L 的形状，采用最简单、最有规律、和边界的拟合程度最佳的方法来分割。常用的有正方形分割法和矩形分割法(见图4-3)。有时也用三角形分割法(见图4-4)。对圆形区域，应用图4-5所示的曲面格式也许更方便些。

对于给定的边值问题，应用差分法时，首先需从网格划分着手，决定离散点的分布方式，原则上可以采用任意的分布方式，但这直接影响差分方程的具体内容和运算速度，因此通常采用有规则的网格节点。实际上考虑离散的分布要方便计算，满足必要的精度，节省计算时间和减少计算内存。目前，最常用的离散格式是矩形网格，如图4-6所示，它是由平行于坐标轴的两族曲线组成，表示为

$x = x_0, x_1, x_2, \cdots, x_m(x_0 < x_1 < x_2 < \cdots < x_m)$

$y = y_0, y_1, y_2, \cdots, y_m(y_0 < y_1 < y_2 < \cdots < y_m)$

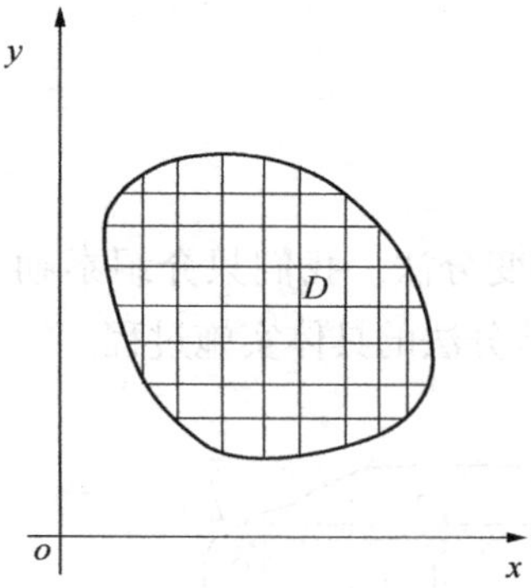

图 4-3 求解区域的矩形分割

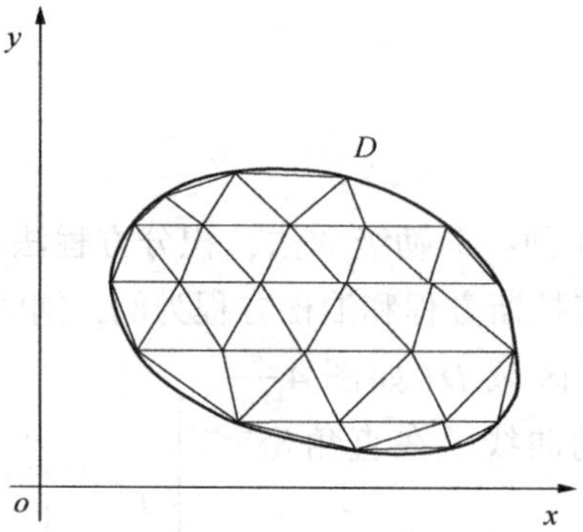

图 4-4 求解区域的三角形分割

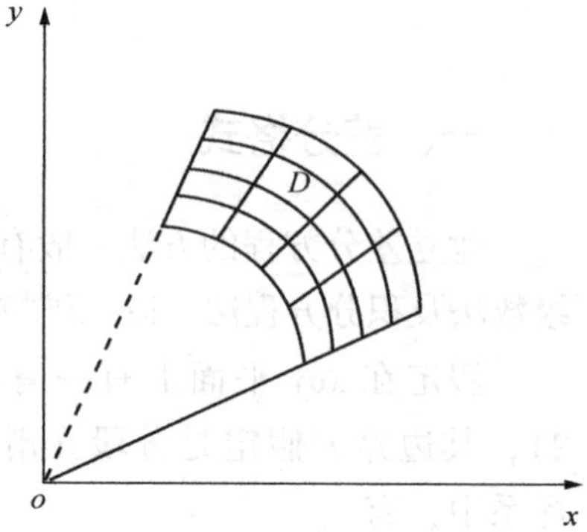

图 4-5 求解区域的曲面分割

整个场域 D 和边界 L 都被这些网格线及其所形成的矩形网格所覆盖，格线之间距离称为步长，网格的交点(x_i, y_j)称为节点。当$(x_i, y_j) \in D$ 时，称作内节点，简称内点，$x = x_i$ 或 $y = y_j$ 与边界 L 的交点称作(边界点)界点。可以根据不同情况取等距网格和不等距网格，取等距网格时，公式的推导最为方便。

现在以此种离散方式求出式(4-17)微分方程的差分格式。

如图 4-7 所示，取出场域 D 中任意一点 $O(x_0, y_0)$和上、下、左、右四个点，即 1，2，3，4 四个节点，为了求出式(4-17)方程的差分格式，记五个节点的函数分别为 u_0，u_1，u_2，u_3，u_4。根据二元函数的性质，如果 u 是 x，y 的函数，且存在各阶偏导数，那么在 $O(x_0, y_0)$点附近的 $u(x, y)$可以用 $O(x_0, y_0)$点的函数值和其各阶偏导数组成的级数表示，即泰勒级数展开式，因此有

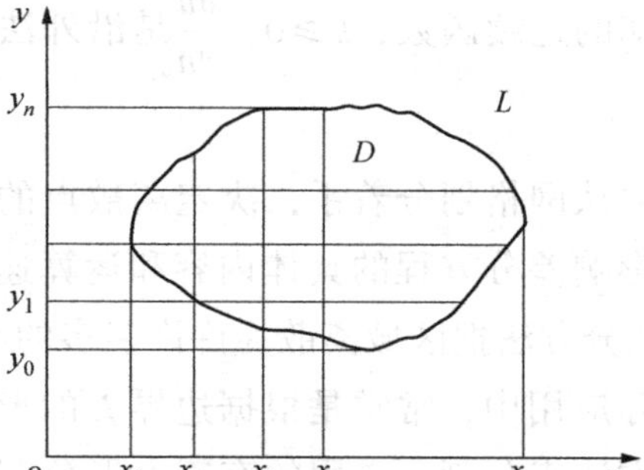

图 4-6 网格的形成

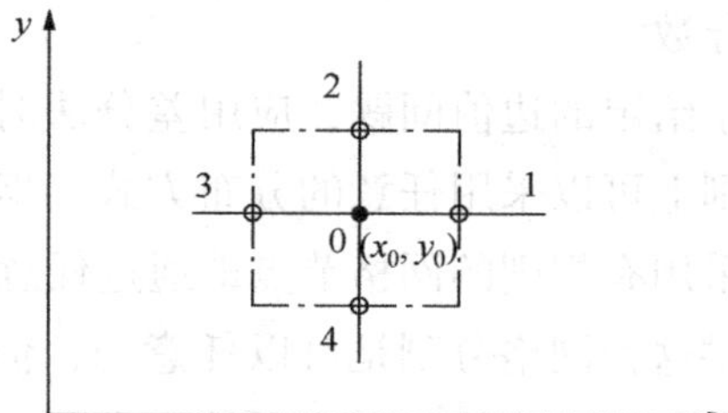

图 4-7 五点差分格式

$$u(x, y_0) = u_0 + \left(\frac{\partial u}{\partial x}\right)_0 (x - x_0) + \frac{1}{2!}\left(\frac{\partial^2 u}{\partial x^2}\right)_0 (x - x_0)^2 + \frac{1}{3!}\left(\frac{\partial^3 u}{\partial x^3}\right)_0 (x - x_0)^3 + \cdots \tag{4-21}$$

$$u(x_0, y) = u_0 + \left(\frac{\partial u}{\partial y}\right)_0 (y - y_0) + \frac{1}{2!}\left(\frac{\partial^2 u}{\partial y^2}\right)_0 (y - y_0)^2 + \frac{1}{3!}\left(\frac{\partial^3 u}{\partial y^3}\right)_0 (y - y_0)^3 + \cdots \tag{4-22}$$

根据式(4-21)及式(4-22)，可以写出正方形网格中 1，3 点和 2，4 点的泰勒级数展开式。设步长为 h，便可得

$$u_1 = u_0 + \left(\frac{\partial u}{\partial x}\right)_0 h + \frac{1}{2!}\left(\frac{\partial^2 u}{\partial x^2}\right)_0 h^2 + \frac{1}{3!}\left(\frac{\partial^3 u}{\partial x^3}\right)_0 h^3 + \cdots \tag{4-23}$$

$$u_3 = u_0 - \left(\frac{\partial u}{\partial x}\right)_0 h + \frac{1}{2!}\left(\frac{\partial^2 u}{\partial x^2}\right)_0 h^2 - \frac{1}{3!}\left(\frac{\partial^3 u}{\partial x^3}\right)_0 h^3 + \cdots \tag{4-24}$$

$$u_2 = u_0 + \left(\frac{\partial u}{\partial y}\right)_0 h + \frac{1}{2!}\left(\frac{\partial^2 u}{\partial y^2}\right)_0 h^2 + \frac{1}{3!}\left(\frac{\partial^3 u}{\partial y^3}\right)_0 h^3 + \cdots \tag{4-25}$$

$$u_4 = u_0 - \left(\frac{\partial u}{\partial y}\right)_0 h + \frac{1}{2!}\left(\frac{\partial^2 u}{\partial y^2}\right)_0 h^2 - \frac{1}{3!}\left(\frac{\partial^3 u}{\partial y^3}\right)_0 h^3 + \cdots \tag{4-26}$$

将式(4-23)与式(4-24)相加，得

$$u_1 + u_3 = 2u_0 + \left(\frac{\partial^2 u}{\partial x^2}\right)_0 h^2 + \frac{1}{4!}\left(\frac{\partial^4 u}{\partial x^4}\right)_0 h^4 + \cdots \tag{4-27}$$

略去 h^4 以上各阶项，可得

$$\left(\frac{\partial^2 u}{\partial x^2}\right)_0 = \frac{1}{h^2}(u_1 + u_3 - 2u_0) \tag{4-28}$$

将式(4-25)与式(4-26)相加，略去 h^4 以上各阶项，得

$$\left(\frac{\partial^2 u}{\partial y^2}\right)_0 = \frac{1}{h^2}(u_2 + u_4 - 2u_0) \tag{4-29}$$

将式(4-28)和式(4-29)及 J 的离散值代入式(4-17)，则可得平行平面场中直角坐标系的泊松方程的五点差分格式，即

$$u_0 = \frac{1}{4}(u_1 + u_2 + u_3 + u_4 + h^2 f(x_0, y_0)) \tag{4-30}$$

或

$$u_1 + u_2 + u_3 + u_4 - 4u_0 = -h^2 f(x_0, y_0)$$

对于场域 D 内每一点都可看作 0 点，得到一个五点差分格式。如果场域内有 n 个未知节点参数的节点，则可以导出 n 个独立的方程。同理，可以求出方程式(4-16)的五点差分格式为

$$u_0 = \frac{1}{4}(u_1 + u_2 + u_3 + u_4) \tag{4-31}$$

或

$$u_1 + u_2 + u_3 + u_4 - 4u_0 = 0 \tag{4-32}$$

在上面讨论中应该注意到，0 点是场域内部的节点，边界上节点如何处理以后将专门进行讨论。

在二维平面场中，节点编号以二维数组表示最为方便，如图 4-8 所示。若在 x 方向上节点编号用 i=1，2，3，…表示，在 y 方向上节点编号用 j=1，2，3，…表示，且以 i，j 表示 0 点的节点编号，则 1 点用(i+1，j)，2 点用(i，j+1)，3 点用(i−1，j)，4 点用(i，j−1)表示。这样统一编号后，场域内任何一点的位函数均可用差分格式的通式表示。在直角坐标系中，拉普拉斯方程表示为

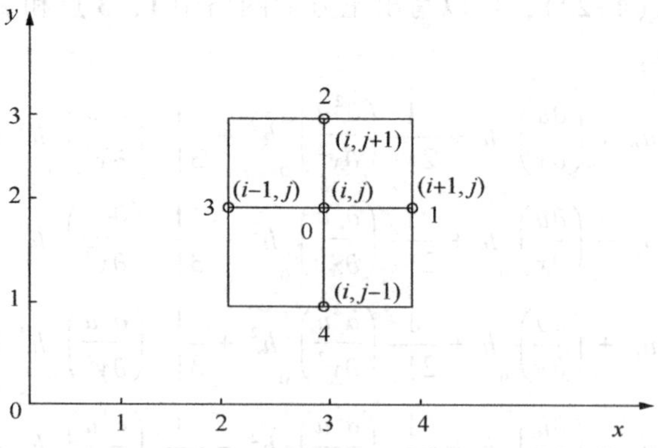

图 4-8　以二维数组表示节点编号

$$u_{i,j}=\frac{1}{4}(u_{i+1,j}+u_{i,j+1}+u_{i-1,j}+u_{i,j-1}) \tag{4-33}$$

泊松方程表示为

$$u_{i,j}=\frac{1}{4}(u_{i+1,j}+u_{i,j+1}+u_{i-1,j}+u_{i,j-1}+h^2f_{i,j}) \tag{4-34}$$

对微分方程数值求解的误差的来源：

（1）方法误差(或截断误差)。这是由于采用的计算方法所引起的误差。例如上面我们介绍的差商表示中，采用的泰勒展开式展开到第 $1+n$ 项时的截断误差阶数为 $O(h^{n+1})$。具体方法的误差阶数取决于在离散化时的近似阶数。因此若改进算法就可以减小截断误差。

（2）舍入误差(或计算误差)。这是由于计算机的有限字长而造成数据在计算机中的表示出现误差。在计算机运算的过程中，随着运算次数的增加舍入误差会积累得很大。如果在多次运算后，舍入误差的精度影响是有限的，那么这个算法是稳定的，否则是不稳定的。不稳定的算法是不能用的。

在对相关问题的讨论中，我们将略去对差分法稳定性和收敛性理论的讨论，尽管这方面的内容是相当重要的。以下的讨论中所讲到的各种差分格式，我们均假定求解方法满足稳定性和收敛性的要求。

二、边界条件与边值关系的离散化

边界条件及其离散化处理是求解给定边值问题的重要内容。在用有限差分法求解时，必须作相应的处理，以便能与场域内的离散节点相配合。由于边界几何形状及媒质情况不同，边界条件离散后的形式较多，推导过程较烦琐，本节将只讨论一些常见类型边界条件的离散化处理方法。

1. 第一类边界条件的差分离散

1）边界与节点重合时的处理——直接代入法

已知边界上的位函数值，将边界进行离散，落在边界上的节点的值可以直接代入已知的位函数。离散化的边值条件为

$$u_i = u_0 \quad i = 1,\ 2,\ \cdots,\ n \tag{4-35}$$

2）边界与节点不重合时的处理

在处理实际问题时，场的形状比较复杂，网格节点往往不可能都落在边界上。如何确定边界节点与网格节点的位函数的关系，一般有3种方法。

（1）直接转移法：

位函数在垂直于边界方向上相对变化很小时，边界节点 R 上的位函数用最靠近它的节点上的位函数 u_P 来代替，如图4-9所示。此方法在计算精度要求不高时采用。

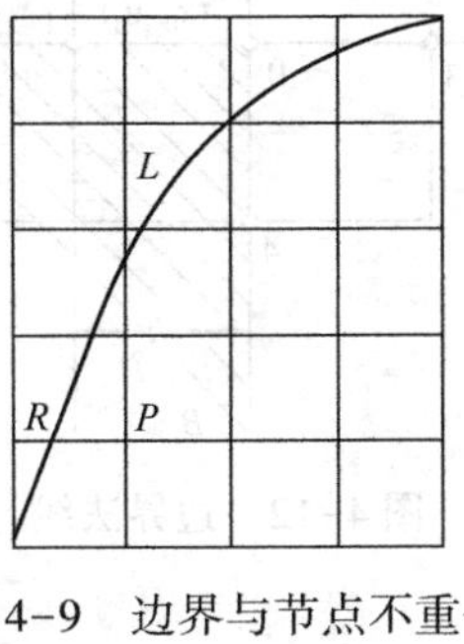

图4-9　边界与节点不重合

（2）线性插值法：

此方法是最常用的方法。在一类边界附近，可以认为位函数的变化规律与边界节点离边界的距离近似为线性关系。如图4-10所示，设边界上位函数为 u_2，边界节点不在边界上，此时节点0与边界距离在 x 方向为 S_2，与节点1距离为 S_1，节点1的节点参数为 u_1，根据线性关系可得

$$\frac{u_0 - u_2}{S_2} = \frac{u_1 - u_2}{S_1 + S_2}$$

即

$$u_0 = \frac{S_1}{S_1 + S_2}u_2 + \frac{S_2}{S_1 + S_2}u_1 \tag{4-36}$$

（3）不等距网格法：

利用不等距剖分网格，让节点落在边界上，如图4-11所示，取5点格式，相对于0点，节点2，3的步长分别为 h_2，h_3，节点参数是已知量，利用泊松方程，可由泰勒级数展开导出不等距网格五点差分格式为

$$\frac{1}{1+\alpha}u_1 + \frac{1}{\beta(1+\beta)}u_2 + \frac{1}{\alpha(1+\alpha)}u_3 + \frac{1}{1+\beta}u_4 - \left(\frac{1}{\alpha} + \frac{1}{\beta}\right)u_0 = -\frac{1}{2}f_0 \tag{4-37}$$

式中，$\alpha = \frac{h_3}{h}$，$\beta = \frac{h_2}{h}$，$h_1 = h_4 = h$

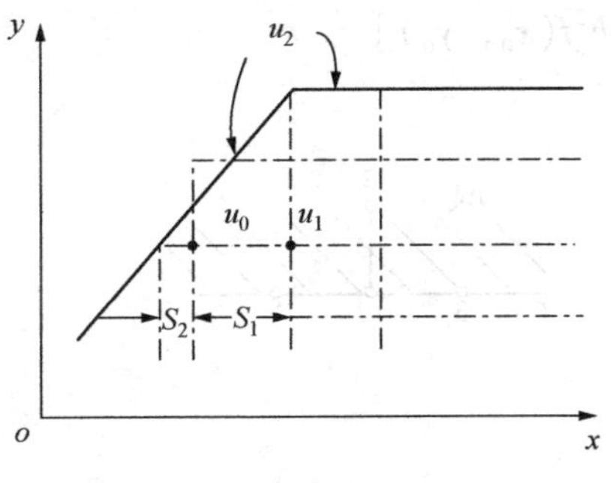

图4-10　线性插值法图示

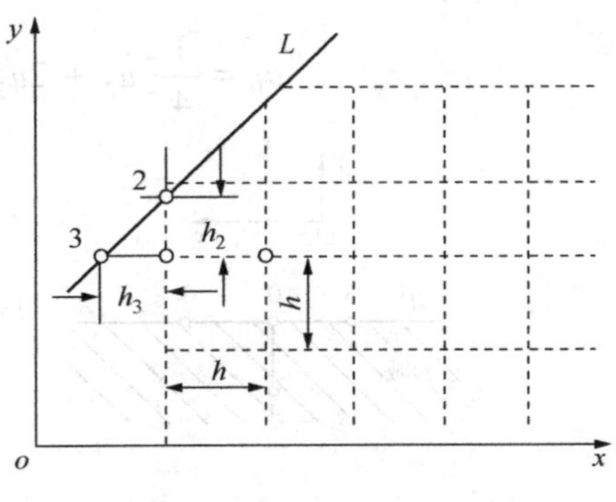

图4-11　不等距网格法图示

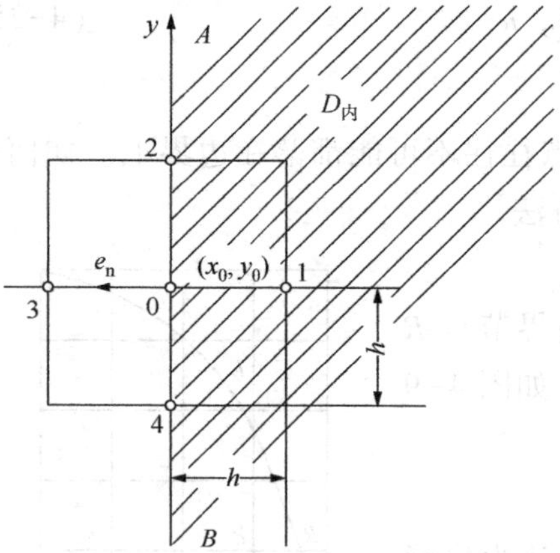

图 4-12　边界法线与网格线重合

2. 第二类边界条件的差分离散化

第二类边界条件的离散化处理，同样需分两种情况讨论，并且落在边界 L 上节点处的外法线与网格线是否重合也影响到差分离散化的结果。本节只讨论最常见的二类齐次边界，即在边界节点处外法线与网格线重合的情况，如图 4-12 所示。

边界 AB 与 y 轴平行，此时可将定解区向外延拓，在 $x=x_0-h$ 处引进一条虚设格线和相应的节点，由二类齐次边界和平均差商概念可得到

$$\left.\frac{\partial u}{\partial n}\right|_{AB}=\left(\frac{\partial u}{\partial x}\right)_0=\frac{u_{(x_0+h,\ y_0)}-u_{(x_0-h,\ y_0)}}{2h}=0 \tag{4-38}$$

于是可得

$$u_{(x_0+h,\ y_0)}=u_{(x_0-h,\ y_0)} \tag{4-39}$$

即五点差分格式中，由二类齐次边界条件可得 $u_1=u_3$

因而对于节点与边界重合的二类齐次边界，当 y 轴与边界重合时，边界上的点的差分离散格式(泊松场)为

$$2u_1+u_2+u_4-4u_0=-h^2f(x_0,\ y_0) \tag{4-40}$$

如用双下标表示式(4-40)，则为

$$2u_{i+1,\ j}+u_{i,\ j+1}+u_{i.j-1}-4u_{i,\ j}=-h^2f_{i,\ j} \tag{4-41}$$

或

$$u_{i,\ j}=\frac{1}{4}(2u_{i+1,\ j}+u_{i,\ j+1}+u_{i.j-1}+h^2f_{i,\ j}) \tag{4-42}$$

如果边界与坐标轴相互位置为如图 4-13 所示 3 种情况，则其差分格式可分别表示如下：

图 4-13(a)中

$$u_0=\frac{1}{4}[u_1+u_3+2u_4+h^2f(x_0,\ y_0)] \tag{4-43}$$

图 4-13(b)中

$$u_0=\frac{1}{4}[u_2+2u_3+u_4+h^2f(x_0,\ y_0)] \tag{4-44}$$

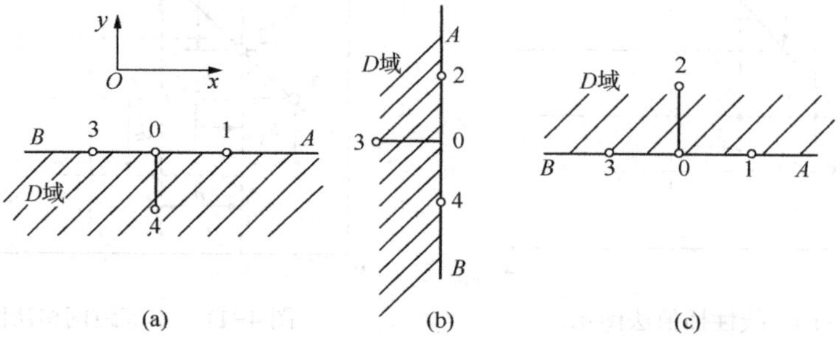

图 4-13　界与坐标轴相对位置情况

图 4-13(c)中

$$u_0 = \frac{1}{4}[u_1 + 2u_2 + u_3 + h^2 f(x_0, y_0)] \tag{4-45}$$

3. 第三类边界条件的差分离散化

1) 在边界处引入的相应结点恰好落在边界 L 上

(1) 当边界 L 在边界结点 o 的外法向 $\vec{e}_n$ 与网格线相重合时，如图 4-14 所示，第三类边界条件在此情况下的差分计算格式为

$$u_0 + f_1(\vec{r}_0)\frac{u_0 - u_1}{h} = f_2(\vec{r}_0) \tag{4-46}$$

(2) 当边界 L 在边界结点 o 的外法向 $\vec{e}_n$ 与网格线不重合时，如图 4-15 所示，显然有

$$\left(\frac{\partial u}{\partial n}\right) = \left[\frac{\partial u}{\partial x}\cos(\vec{e}_n, \vec{e}_x) + \frac{\partial u}{\partial y}\cos(\vec{e}_n, \vec{e}_y)\right]$$

$$\approx \frac{u_1 - u_0}{h}\cos(\pi + \alpha) + \frac{u_2 - u_0}{h}\cos(\pi - \beta)$$

于是，关于 o 点的差分计算格式为

$$u_0 + f_1(\vec{r}_0)\left(\frac{u_0 - u_1}{h}\cos\alpha + \frac{u_0 - u_2}{h}\cos\beta\right) = f_2(\vec{r}_0) \tag{4-47}$$

2) 在边界处引入的相应结点不落在边界 L 上

如图 4-16，这时，可在邻近边界的结点 o 上仍按上述方法列出差分计算格式，只是需引入与结点 o 相关的边界结点 o'，取点 o' 处的外法向 $\vec{e}_n$ 作为结点 o 处的“外法向 $\vec{e}_n$”，且近似地认为边界条件中给定的函数 $f_1(\vec{r}_0)$ 和 $f_2(\vec{r}_0)$ 均在点 o' 上取值。这样将式中的 $f_1(\vec{r}_0)$ 和 $f_2(\vec{r}_0)$ 改记为 $f_1(\vec{r}_{0'})$ 和 $f_2(\vec{r}_{0'})$，即得此种情况下关于点 o 的差分计算格式为

$$u_0 + f_1(\vec{r}_{0'})\left(\frac{u_0 - u_1}{h}\cos\alpha + \frac{u_0 - u_2}{h}\cos\beta\right) = f_2(\vec{r}_{0'}) \tag{4-48}$$

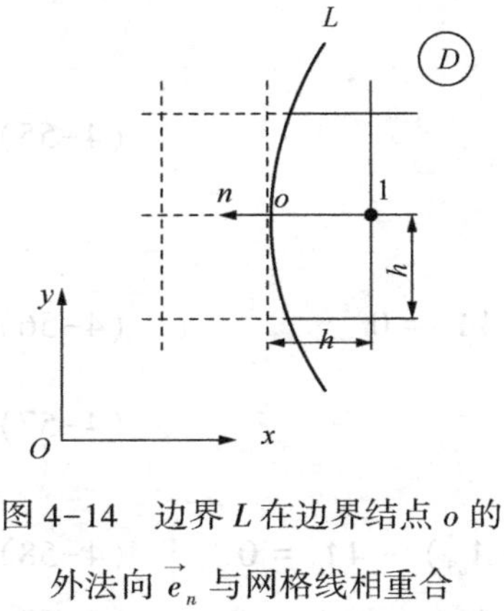

图 4-14　边界 L 在边界结点 o 的外法向 $\vec{e}_n$ 与网格线相重合

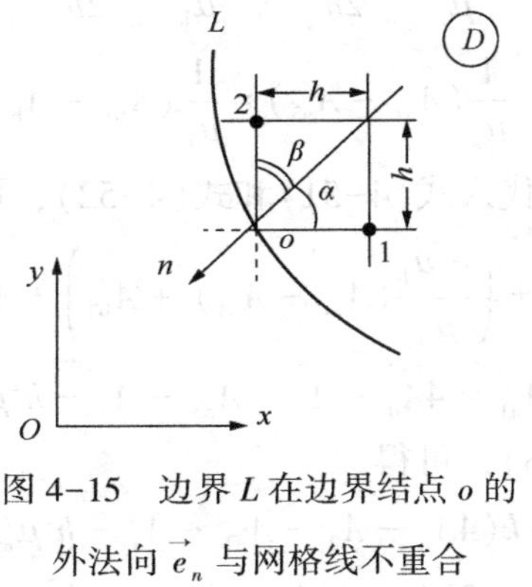

图 4-15　边界 L 在边界结点 o 的外法向 $\vec{e}_n$ 与网格线不重合

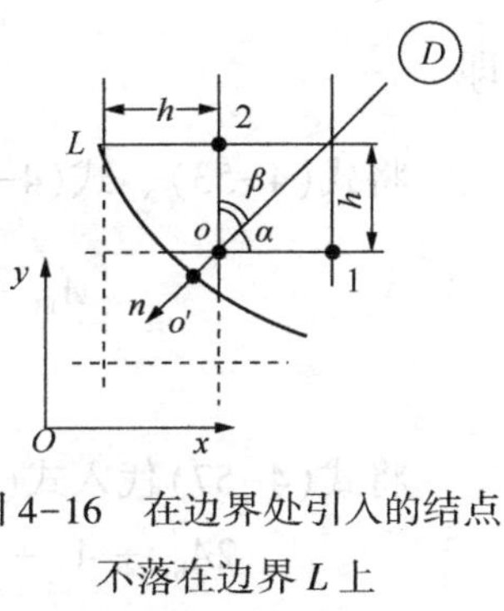

图 4-16　在边界处引入的结点不落在边界 L 上

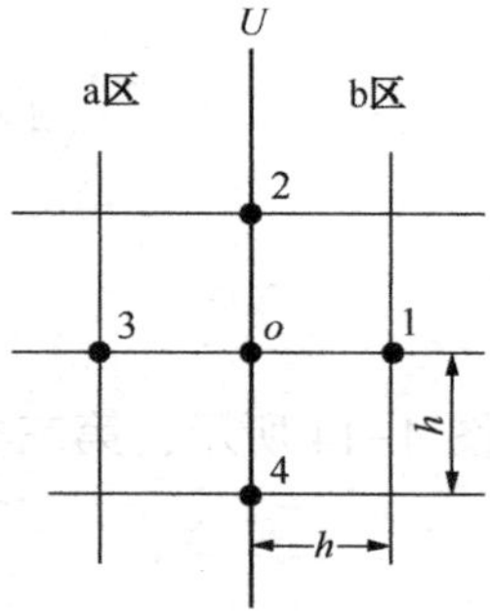

图 4-17　交界面与网格相重合

4. 不同媒质交界面上边界条件的差分离散化

1）交界面与网格相重合的情况

设媒质交界面与 y 轴平行，并且与网格线重合，如图 4-17 所示。以电磁场中矢量磁位的求解为例，若 a 区磁导率为 μ_a，电流密度为 J；b 区磁导率为 μ_b，电流密度为零。对于矢量磁位 A，在 a 区满足

$$\nabla^2 A = -\mu_a J \tag{4-49}$$

在 b 区满足

$$\nabla^2 A = 0 \tag{4-50}$$

导出界面上结点 o 的差分格式的方法可分为 3 步。

第 1 步是将媒质 μ_a 向外延拓，即以 μ_a 代替 μ_b，电流密度也同时延拓，此时对于 o 点 $\vec{A}$ 的五点差分格式为

$$A_{a1} + A_{a2} + A_{a3} + A_{a4} - 4A_{a0} = -h^2\mu_a J_0 \tag{4-51}$$

第 2 步以相似的办法将媒质 μ_b 向外延拓，即以 μ_b 代替 μ_a，电流密度也随之相应改变，此时对于 o 点，A 的五点差分格式为

$$A_{b1} + A_{b2} + A_{b3} + A_{b4} - 4A_{b0} = 0 \tag{4-52}$$

上面两式中，A_{a1} 和 A_{b3} 实际上是不存在的，只是为了推导过程需要而引进的，一般称为虚设磁位。

第 3 步是根据两种媒质交界面上的边界条件，把式(4-51)和式(4-52)统一起来，可得到交界面上节点的差分格式。由在两种媒质交界面上磁位的连续性，可得

$$A_{am} = A_{bm} = A_m \quad (m = 0,\ 2,\ 4) \tag{4-53}$$

再由分界面上磁场强度的切向分量的连续性，即分界面处电流密度 $J_S = 0$，可得 $H_{at} = H_{bt}$，用矢量磁位表示为

$$\frac{1}{\mu_a}\left(\frac{\partial A_a}{\partial n}\right) = \frac{1}{\mu_b}\left(\frac{\partial A_b}{\partial n}\right) \tag{4-54}$$

式(4-51)以差分形式表示为

$$\frac{1}{\mu_a}\frac{A_{a1} - A_{a3}}{2h} = \frac{1}{\mu_b}\frac{A_{b1} - A_{b3}}{2h}$$

即

$$\frac{1}{\mu_a}(A_{a1} - A_{a3}) = \frac{1}{\mu_b}(A_{b1} - A_{b3}) \tag{4-55}$$

将式(4-53)、式(4-55)代入式(4-51)和式(4-52)，可得

$$A_{b1} + A_2 + \left(\frac{-\mu_b}{\mu_a}(A_{a1} - A_{a3}) + A_{b3}\right) + A_4 - 4A_0 = 0 \tag{4-56}$$

$$A_{a1} = 4A_0 - A_2 - A_{a3} - A_4 - h^2\mu_a J_0 \tag{4-57}$$

将式(4-57)代入式(4-56)，可得

$$2A_{b1} + A_2 + A_4 - k(4A_0 - A_2 - A_{a3} - A_4 - h^2\mu_a J_0 - A_{a3}) - 4A_0 = 0 \tag{4-58}$$

$$2A_{b1} + (1+k)A_2 + 2kA_{a3} + (1+k)A_4 + kh^2\mu_a J_0 - 4(1+k)A_0 = 0 \tag{4-59}$$

式中
$$k=\frac{\mu_b}{\mu_a}$$

常见的不同媒质交界面有下面两种情况。

（1）载流区和空气（真空）区交界面，可以认为 $\mu_a=\mu_b=\mu_0$。此时 $k=1$，方程式（4-59）退化为

$$A_0=\frac{1}{4}\left(A_{b1}+A_2+A_{a3}+A_4+\frac{1}{2}h^2\mu_0J_0\right) \tag{4-60}$$

（2）铁区与空气区的交界面，当近似认为 $\mu_b\approx\infty$，$\mu_a=\mu_0$ 时，$\frac{k}{1+k}\to 1$，可得

$$A_0=\frac{1}{4}(A_2+2A_{a3}+A_4+h^2\mu_0J_0) \tag{4-61}$$

2）分界面对于网格呈对角线形态的情况

边界条件的差分格式的推导可应用与上面类似的方法进行，但在网格中还需引入 M，N 两个辅助节点（M，N 两点分别是14和23连线的中点），如图 4-18 所示。对于节点 o，如上所述，当媒质依次向外延拓时，A 分别对应满足的泊松方程和拉普拉斯方程差分格式为

$$A_{a1}+A_{a2}+A_{a3}+A_{a4}-4A_0=-h^2\mu_aJ_a \tag{4-62a}$$

$$A_{a1}+A_{b2}+A_{b3}+A_{b4}-4A_0=0 \tag{4-62b}$$

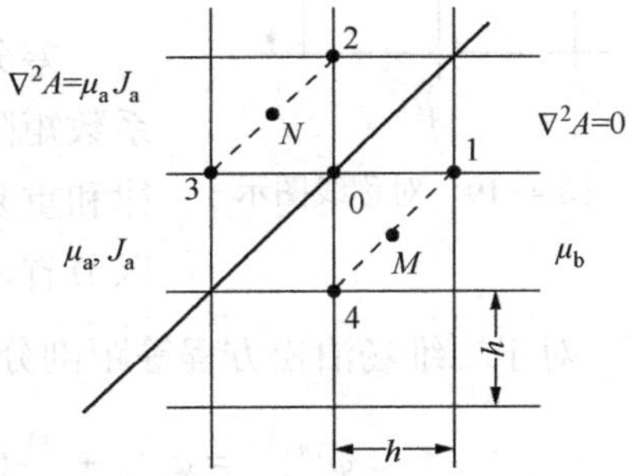

图 4-18　分界面与网格线呈对角线图示

在交界面上，由于磁场强度切向分量连续，即在分界面电流密度 $J_S=0$ 时 $H_{at}=H_{bt}$，故可得

$$\frac{1}{\mu_a}\frac{A_{aM}-A_{aN}}{\sqrt{2}h}=\frac{1}{\mu_b}\frac{A_{bM}-A_{bN}}{\sqrt{2}h} \tag{4-63}$$

注意，在式（4-60）~式（4-62）中，A_{a1}，A_{a4}，A_{aM}，A_{b2}，A_{b3}，A_{bN}都是虚设磁位值。应用线性插值，可以构成下面的关联式

$$\begin{cases}A_{aM}=\dfrac{A_{a1}+A_{a4}}{2}\\[2ex] A_{bN}=\dfrac{A_{b2}+A_{b3}}{2}\end{cases} \tag{4-64}$$

由实际存在的磁位值

$$\begin{cases}A_{aN}=\dfrac{A_{a2}+A_{a3}}{2}\\[2ex] A_{bM}=\dfrac{A_{b1}+A_{b4}}{2}\end{cases} \tag{4-65}$$

消去式（4-62）~式（4-64）中所有虚设磁位值，从而可得到关于这类边界条件的差分格式为

$$A_0=\frac{1}{4}\left(\frac{2}{1+k}(A_{b1}+A_{b4})+\frac{2k}{1+k}(A_{a2}+A_{a3})+\frac{k}{1+k}h^2\mu_aJ_a\right) \tag{4-66}$$

5. 对称线的差分离散格式

在实际分析电场、磁场分布时，经常遇到场分布的对称性，在数值计算中利用场的对称性条件，可缩小计算的场域，从而在计算机存储容量不变的情况下，获得更为理想的数值解。

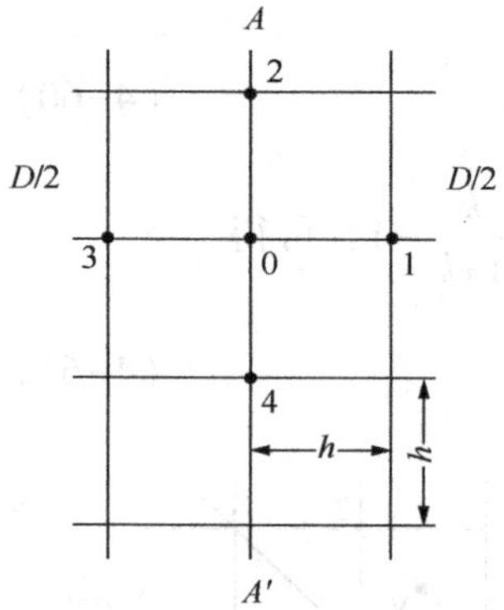

图 4-19　对称线图示

如图 4-19，AA'为二维泊松场的对称线，此时，对位于对称线上的任一节点 o，由式(4-30)，根据场的对称性有 $u_1=u_3$，因此，计算的相应的差分格式为

$$u_0=\frac{1}{4}(2u_1+u_2+u_4-h^2F) \tag{4-67}$$

三、差分方程求解实例

差分方程确定之后，一般选用迭代法求解，这是由于方程组系数矩阵中有大量元素为 0，并且系数矩阵形成比较简单，有规律和重复。在迭代过程中常常可以一边形成系数矩阵一边计算，以节省内存，因而迭代法比直接法更常用。

对于二维场泊松方程等距剖分差分格式公式为

$$\varphi_{i,j}^{(n+1)}=\varphi_{i,j}^{(n)}+\frac{\alpha}{4}(\varphi_{i+1,j}^{(n)}+\varphi_{i,j+1}^{(n)}+\varphi_{i-1,j}^{(n+1)}+\varphi_{i,j-1}^{(n+1)}-4\varphi_{i,j}^{(n)}) \tag{4-68}$$

式中，α 为加速收敛因子或超松弛因子，它的数值决定超松弛程度，影响迭代解收敛的速度。加速收敛因子 α 取值因问题而异，对于第一类边值问题：

(1) 若一方形场域由正方形网格划分，每边的节点数为$(n+1)$，则加速收敛因子 α 可按下式计算：

$$\alpha=\frac{2}{1+\sin\dfrac{\pi}{n}} \tag{4-69}$$

(2) 若一矩形场域由边长为 h 的正方形网格划分为 mn 和 nh，且 m 和 n 都很大(一般要大于 15)，那么加速收敛因子 α 为

$$\alpha=2-\pi\sqrt{2}\sqrt{\frac{1}{m^2}+\frac{1}{n^2}} \tag{4-70}$$

一般情况下，α 的最佳值只能凭经验选取。对于其他形状的场域，也可用等效矩形面积的处理方法，即得出等效矩形面积后，再用式(4-70)求出最佳的 α。

下面用计算电场分布的实例，说明有限差分法解题的具体步骤。

例 4-1　求泊松方程的第一边值问题。

$$\begin{cases}\dfrac{\partial^2 u}{\partial x^2}+\dfrac{\partial^2 u}{\partial y^2}=0 \qquad (0\leqslant x,\ y\leqslant 1)\\ u(x,\ y)\mid_L=\log[(x+1)2+y^2]\end{cases}$$

解：取 $h=\frac{1}{3}$，其网格划分如图 4-20 所示。可由式(4-31)建立各点的差分方程。边界上的函数值计算如下表。

	1	2	3	4	5	6	7	8	9	10	11	12
x	0.333	0.667	1	1	1	1	0.667	0.333	0	0	0	0
y	0	0	0	0.333	0.667	1	1	1	1	0.667	0.333	0
$u(x, y)$	0.25	0.444	0.602	0.614	0.648	0.699	0.577	0.444	0.301	0.160	0.046	0

经整理后，可得到中间 4 点所满足的线性方程组为

$$\begin{pmatrix} 4 & -1 & -1 & 0 \\ -1 & 4 & 0 & -1 \\ -1 & 0 & 4 & -1 \\ 0 & -1 & -1 & 4 \end{pmatrix}\begin{pmatrix} u_1 \\ u_2 \\ u_3 \\ u_4 \end{pmatrix}=\begin{pmatrix} 0.2953 \\ 1.0578 \\ 1.2252 \\ 0.6034 \end{pmatrix}$$

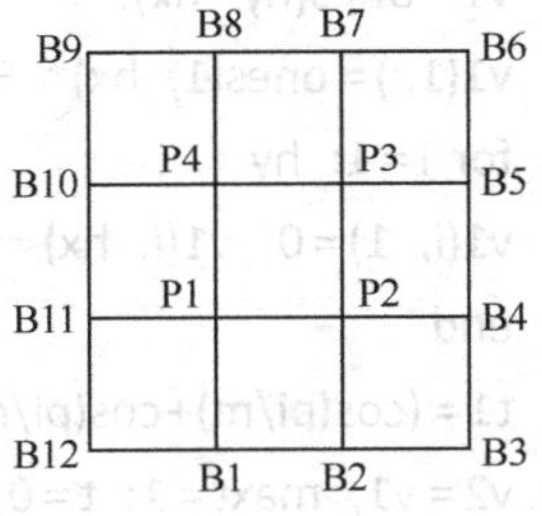

图 4-20　例 4-1 图

其解见下表。

I	1	2	3	4
u_i	0.2627	0.4152	0.4952	0.3403

【参考程序】

```
x=[0.333, 0.667, 1, 1, 1, 1, 0.667, 0.333, 0., 0., 0., 0]
y=[0, 0, 0, 0.333, 0.667, 1, 1, 1, 1, 0.667, 0.333, 0]
for i=1: 12
u(i)=log10((x(i)+1)^2+y(i)^2)
end
a=[4, -1, 0, -1; -1, 4, 0, -1; 0, -1, 4, -1; -1, 0, -1, 4]
b=[u(1)+u(11); u(2)+u(4); u(5)+u(7); u(8)+u(10)]
x=a \ b
```

运算结果

```
x = 0.2627
    0.4152
    0.4952
    0.3403
```

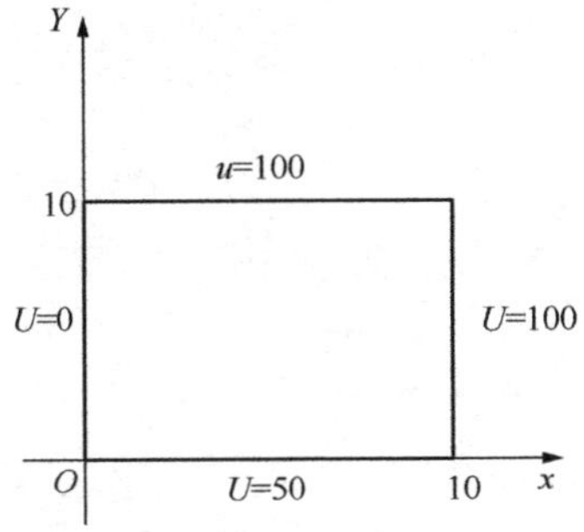

图 4-21　例 4-2 图

例 4-2　一个二维正方形静电场域，电位函数为 $u(x, y)$，边界条件如图 4-21 所示，试用超松弛法确定二维静电场域的电位分布。

解：取步长 $h=1$，x、y 方向的网格数为 $m=10$，$n=10$，共有 10×10=100 个网孔，11×11=121 个节点，其中场域内

节点(电位待求点)有 9×9=81 个，边界节点(电位已知点)有 121-81=30 个。设迭代精度为 0.000001，松弛因子由下式计算

$$w = \frac{2}{1 + \sqrt{1 - \left[\dfrac{\cos(\pi/m) + \cos(\pi/n)}{2}\right]^2}}$$

【参考程序】

```
hx=11; hy=11;
m=10; n=10;
v1=ones(hy, hx);
v1(1,:)=ones(1, hx)* 50; v1(hy,:)=ones(1, hx)* 100;
for i=1: hy
v1(i, 1)=0; v1(i, hx)=100;
end
t1=(cos(pi/m)+cos(pi/n))/2; w=2/(1+sqrt(1- t1* t1));
v2=v1; maxt=1; t=0;
k=0; while(maxt>1e- 6)
    k=k+1; maxt=0;
for i=2: hy- 1
for j=2: hx- 1
   v2(i, j)=v1(i, j)+(v1(i, j+1)+v1(i+1, j)+v2(i- 1, j)+v2(i, j- 1)- 4* v1(i, j))* w/4;
        u(i, j)=w* (v2(i, j- 1)+v2(i- 1, j)+v1(i, j+1)+v1(i+1, j))/4+(1- w)* v1(i, j)
        t=abs(v2(i, j)- v1(i, j));
if(t>maxt) maxt =t; end
end
end
    v1=v2
end
subplot(1, 2, 1), mesh(v2)
axis([0, 11, 0, 11, 0, 100])
subplot(1, 2, 2), contour(v2, 20)
hold on
x=1: 1: hx; y=1: 1: hy
[xx, yy]=meshgrid(x, y);
[Gx, Gy]=gradient(v2, 0. 6, 0. 6);
axis([- 1. 5, hx+2. 5, - 2, 13])
plot([1, 1, hx, hx, 1], [1, hy, hy, 1, 1], ' k' )
text(hx/2- 0. 5, hy+0. 4, ' 100V' , ' fontsize' , 11);
text(hx/2, 0. 3, ' 50V' , ' fontsize' , 11);
text(- 0. 3, hy/2, ' 0V' , ' fontsize' , 11);
```

```
    text(hx+0.1, hy/2, '100V', 'fontsize', 11);
    hold off
```

运算结果

```
v1 =
0   50.0000   50.0000   50.0000   50.0000   50.0000   50.0000   50.0000   50.0000
50.0000   100.0000
0   26.6612   38.1695   44.3983   48.5185   51.7703   54.8530   58.4792   63.9298
74.4463   100.0000
0   18.4755   31.6186   40.9050   47.9055   53.7098   59.1626   65.1341   72.7938
83.8552   100.0000
0   15.6221   28.9243   39.6976   48.4889   56.0006   62.9533   70.1008   78.2561
88.1806   100.0000
0   15.0886   28.7588   40.4722   50.3518   58.8505   66.5494   74.0596   81.9493
90.6112   100.0000
0   15.9737   30.5501   43.0806   53.5958   62.5000   70.3341   77.6390   84.8703
92.3150   100.0000
0   18.2559   34.3873   47.7044   58.4506   67.2196   74.6482   81.2918   87.5778
93.7785   100.0000
0   22.6626   41.0388   54.8992   65.2826   73.2798   79.7470   85.3024   90.3707
95.2211   100.0000
0   31.3556   52.2062   65.5709   74.5008   80.8699   85.7578   89.8000   93.3814
96.7353   100.0000
0   50.5537   70.8594   80.6775   86.2798   89.9410   92.6143   94.7585   96.6197
98.3388   100.0000
0   100.0000   100.0000   100.0000   100.0000   100.0000   100.0000   100.0000
100.0000   100.0000   100.0000
```

电位分布的二维和三维图形分别见图 4-22 和图 4-23。

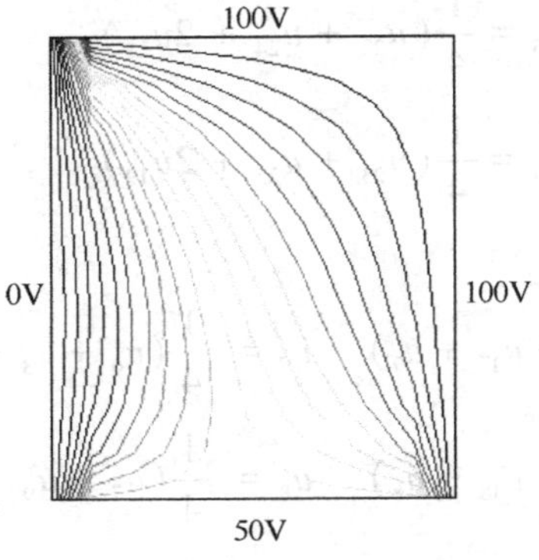

图 4-22　电位分布的二维图

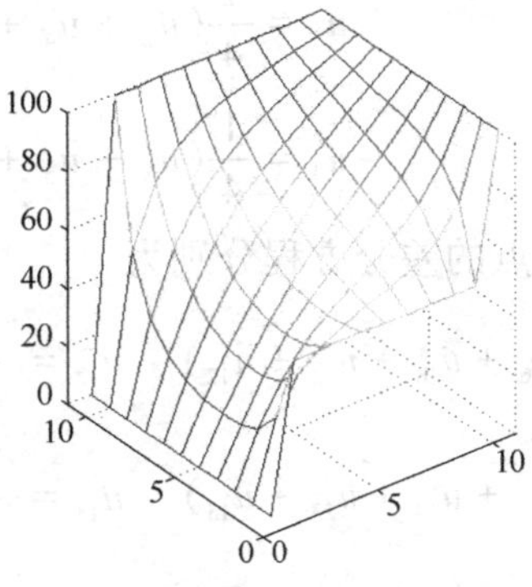

图 4-23　电位分布的三维图

例 4-3 如图 4-24 所示，上金属板的电位为100V，下金属板的电位为 50V，场区左、右两侧的边界条件为$\frac{\partial u}{\partial n}=0$，求该区域内部的电位分布。

解：该问题的边值问题为

$$\begin{cases}\dfrac{\partial^2 u}{\partial x^2}+\dfrac{\partial^2 u}{\partial y^2}=0 & (1)\\ y=0,\ u=50 & (2)\\ y=2,\ u=100 & (3)\\ x=0,\ \dfrac{\partial u}{\partial x}=0 & (4)\\ x=2,\ \dfrac{\partial u}{\partial x}=0 & (5)\end{cases}$$

取步长 $h=0.5$，网格划分如图 4-25 所示。由式(2)、式(3)可得

$$u_1=u_6=u_{11}=u_{16}=u_{21}=100$$

$$u_5=u_{10}=u_{15}=u_{20}=u_{25}=50$$

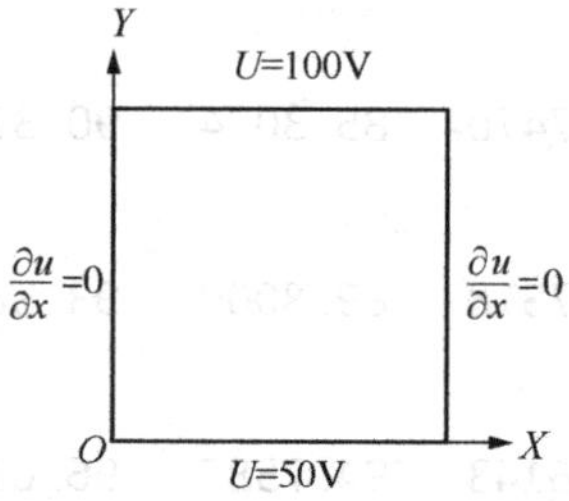

图 4-24 例 4-3 图

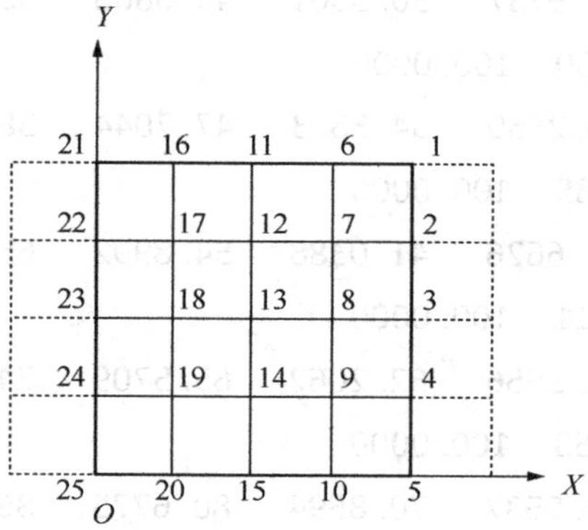

图 4-25 网格划分

上下边界点的差分方程分别为

$$u_2=\frac{1}{4}(u_1+u_3+2u_7)\qquad u_{22}=\frac{1}{4}(u_{21}+u_{23}+2u_{17})$$

$$u_3=\frac{1}{4}(u_2+u_4+2u_8)\qquad u_{23}=\frac{1}{4}(u_{22}+u_{24}+2u_{18})$$

$$u_4=\frac{1}{4}(u_3+u_5+2u_9)\qquad u_{24}=\frac{1}{4}(u_{23}+u_{25}+2u_{19})$$

区域内点的差分方程分别为

$$u_{17}=\frac{1}{4}(u_{16}+u_{18}+u_{22}+u_{12})\quad u_{12}=\frac{1}{4}(u_{11}+u_{13}+u_{17}+u_7)\quad u_7=\frac{1}{4}(u_6+u_8+u_{12}+u_2)$$

$$u_{18}=\frac{1}{4}(u_{17}+u_{19}+u_{23}+u_{13})\quad u_{13}=\frac{1}{4}(u_{12}+u_{14}+u_{18}+u_8)\quad u_8=\frac{1}{4}(u_7+u_9+u_{13}+u_3)$$

$$u_{19}=\frac{1}{4}(u_{18}+u_{20}+u_{24}+u_{14})\quad u_{14}=\frac{1}{4}(u_{13}+u_{15}+u_{19}+u_9)\quad u_9=\frac{1}{4}(u_8+u_{10}+u_{14}+u_4)$$

解此方程组得

$$u_4 = u_9 = u_{14} = u_{19} = u_{24} = 62.5$$

$$u_3 = u_8 = u_{13} = u_{18} = u_{23} = 75$$

$$u_2 = u_7 = u_{12} = u_{17} = u_{22} = 87.5$$

【参考程序】

```
hx=11; hy=11; m=hx-1; n=hy-1;
v1=ones(hy, hx);
v1(1,:)=ones(1, hx)* 50; v1(hy,:)=ones(1, hx)* 100;
t1=(cos(pi/m)+cos(pi/n))/2; w=2/(1+sqrt(1-t1* t1));
v2=v1; maxt=1; t=0;
k=0; while(maxt>1e-6)
    k=k+1; maxt=0;
for i=2: hy-1
    for j=1: hx
        if j==1
                v2(i, j)=v1(i, j)+(2* v1(i, j+1)+v1(i+1, j)+v2(i-1, j)-4* v1(i, j))* w/4;
                elseif j==hx
                    v2(i, j)=v1(i, j)+(v1(i+1, j)+v2(i-1, j)+2* v2(i, j-1)-4* v1(i, j))* w/4;
        else
v2(i, j)=v1(i, j)+(v1(i, j+1)+v1(i+1, j)+v2(i-1, j)+v2(i, j-1)-4* v1(i, j))* w/4;
        end
            t=abs(v2(i, j)-v1(i, j));
            if(t>maxt) maxt =t; end
    end
end
        v1=v2
end
subplot(1, 2, 1), mesh(v2)
axis([0, 11, 0, 11, 0, 100])
subplot(1, 2, 2), contour(v2, 20)
hold on
x=1: 1: hx; y=1: 1: hy
[xx, yy]=meshgrid(x, y);
[Gx, Gy]=gradient(v2, 0.6, 0.6);
axis([-1.5, hx+2.5, -2, 13])
plot([1, 1, hx, hx, 1], [1, hy, hy, 1, 1], 'k')
```

```
text(hx/2-0.5, hy+0.4, '100V', 'fontsize', 11);
text(hx/2, 0.3, '50V', 'fontsize', 11);
hold off
```

运算结果

```
v1 =
50.0000    50.0000    50.0000    50.0000    50.0000
62.5000    62.5000    62.5000    62.5000    62.5000
75.0000    75.0000    75.0000    75.0000    75.0000
87.5000    87.5000    87.5000    87.5000    87.5000
100.0000   100.0000   100.0000   100.0000   100.0000
```

电位分布见图 4-26。

例 4-4 如图 4-27 所示，试求该电流场模型中两维电流场的分布。

解：设左上方的电位函数为 φ_1，右下方的电位函数为 φ_2，该问题所描述的数学模型为

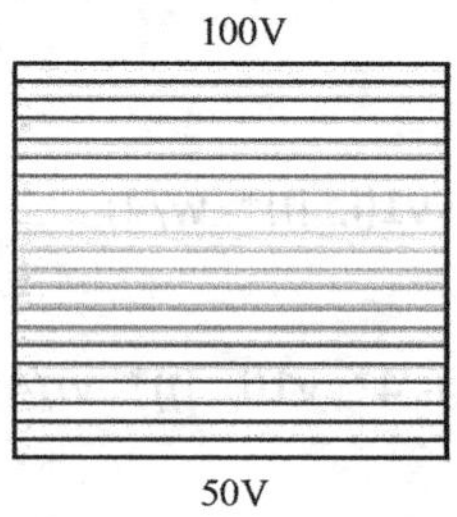

图 4-26　电位分布图

$$\begin{cases} \dfrac{\partial^2\varphi_1}{\partial x^2}+\dfrac{\partial^2\varphi_1}{\partial y^2}=0 & (1) \\ \dfrac{\partial^2\varphi_2}{\partial x^2}+\dfrac{\partial^2\varphi_2}{\partial y^2}=0 & (2) \\ \varphi_1 \mid_{AB}=10V & (3) \\ \dfrac{\partial\varphi_1}{\partial n} \mid_{AC}=0 & (4) \\ \varphi_2 \mid_{CD}=0V & (5) \\ \dfrac{\partial\varphi_2}{\partial n} \mid_{BD}=0 & (6) \\ \varphi_1 \mid_{L'}=\varphi_2 \mid_{L'} & (7) \\ \gamma_1 \dfrac{\partial\varphi_1}{\partial n} \mid_{L'}=\gamma_1 \dfrac{\partial\varphi_2}{\partial n} \mid_{L'} & (8) \end{cases}$$

现应用有限差分法，数值计算过程如下：

（1）离散化场域：

如图 4-28 所示，由正方形网格（步长 $h=1.5$cm）对场域进行剖分。x，y 方向的等分数均为 $p=14$。

（2）采用超松弛迭代法得到不同区域的差分方程分别为：

$$\varphi_{1i,j}^{(n+1)}=\varphi_{1i,j}^{(n)}+\frac{\alpha}{4}(\varphi_{1i+1,j}^{(n)}+\varphi_{1i,j+1}^{(n)}+\varphi_{1i-1,j}^{(n+1)}+\varphi_{1i,j-1}^{(n+1)}-4\varphi_{1i,j}^{(n)})$$

$$\varphi_{2i,j}^{(n+1)}=\varphi_{2i,j}^{(n)}+\frac{\alpha}{4}(\varphi_{2i+1,j}^{(n)}+\varphi_{2i,j+1}^{(n)}+\varphi_{2i-1,j}^{(n+1)}+\varphi_{2i,j-1}^{(n+1)}-4\varphi_{2i,j}^{(n)})$$

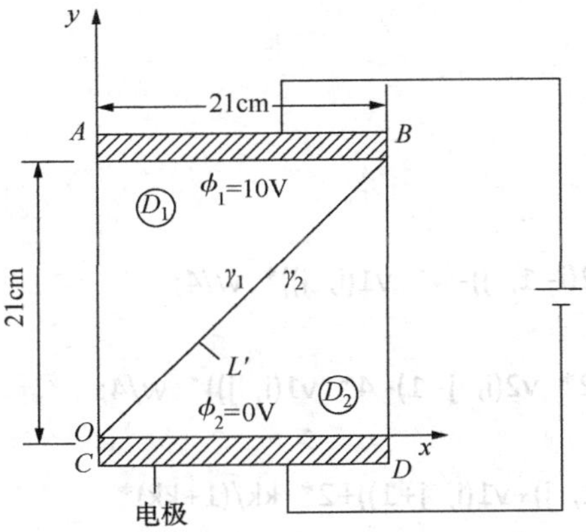

图 4-27　例 4-4 图(1)

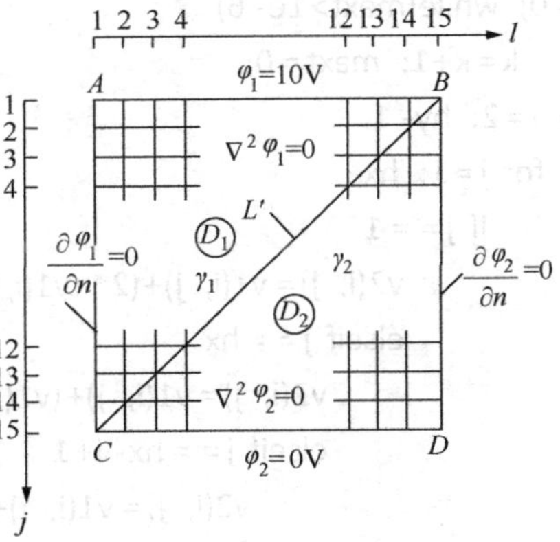

图 4-28　例 4-4 图(2)

由于本题的边界条件是第一、第二类边界条件的组合情况，只能参照 $\alpha=\dfrac{2}{1+\sin\dfrac{\pi}{n}}$ 估算出 $\alpha\approx1.64$。

(3) 边界条件：

①第一类边界。按网格划分情况，此时边界条件的差分离散化应取直接赋值方式，即

$$\varphi_{(1,\ \cdots,\ 15,\ 1)}=10\text{V}\qquad \varphi_{(1,\ \cdots,\ 15,\ 15)}=0\text{V}$$

②齐次第二类边界。对于边界 AC，有

$$\varphi_{(1,\ j)}=\frac{1}{4}\left(2\varphi_{(2,\ j)}+\varphi_{(1,\ j+1)}+\varphi_{(1,\ j-1)}\right)\qquad (j=2,\ \cdots,\ 14)$$

对于边界 BD，有

$$\varphi_{(15,\ j)}=\frac{1}{4}\left(2\varphi_{(14,\ j)}+\varphi_{(15,\ j+1)}+\varphi_{(15,\ j-1)}\right)\qquad (j=2,\ \cdots,\ 14)$$

③边界线 L' 上的边界条件。

$$\varphi_{(i,\ j)}\Big|_{\substack{(i=15-j+1)\\(j=2,\ \cdots,\ 14)}}=\frac{1}{4}\left(\frac{2}{1+k}\left(\varphi_{(i+1,\ j)}+\varphi_{(i,\ j+1)}\right)+\frac{2k}{1+k}\left(\varphi_{(i,\ j-1)}+\varphi_{(i-1,\ j)}\right)\right)$$

$$k=\frac{\gamma_1}{\gamma_2}$$

④给定初值：为方便起见，设定初值全部为 1。

⑤迭代收敛的指标：相邻二次迭代值的相对误差小于10^{-5}时，终止迭代。

【参考程序】

```
hx = 15;  hy = 15;  kk = 0.250;
m = hx- 1;  n = hy- 1;
v1 = ones(hy,  hx);
v1(1,:) = ones(1,  hx)*  0;  v1(hy,:) = ones(1,  hx)*  10;
w = 2/(1+sin(pi/n));  v2 = v1;  maxt = 1;  t = 0;
```

```
k=0; while(maxt>1e-6)
    k=k+1; maxt=0;
for i=2: hy-1
   for j=1: hx
       if j==1
            v2(i, j)=v1(i, j)+(2* v1(i, j+1)+v1(i+1, j)+v2(i-1, j)-4* v1(i, j))* w/4;
            elseif j==hx
                v2(i, j)=v1(i, j)+(v1(i+1, j)+v2(i-1, j)+2* v2(i, j-1)-4* v1(i, j))* w/4;
                elseif j==hx-i+1
                    v2(i, j)=v1(i, j)+(2/(kk+1)* (v1(i+1, j)+v1(i, j+1))+2* kk/(1+kk)*
                    (v2(i, j-1)+v2(i-1, j))-4* v1(i, j))* w/4;
        else
            v2(i, j)=v1(i, j)+(v1(i, j+1)+v1(i+1, j)+v2(i-1, j)+v2(i, j-1)-4* v1(i, j))* w/4;
        end
            t=abs(v2(i, j)-v1(i, j));
            if(t>maxt) maxt =t; end
      end
end
            v1=v2
            end
subplot(1, 2, 1), mesh(v2)
axis([0, 21, 0, 21, 0, 100])
subplot(1, 2, 2), contour(v2, 40)
hold on
x=1: 1: hx; y=1: 1: hy
[xx, yy]=meshgrid(x, y);
[Gx, Gy]=gradient(v2, 0.6, 0.6);
axis([-1.5, hx+2.5, -2, 23])
plot([1, 1, hx, hx, 1], [1, hy, hy, 1, 1], 'k' )
text(hx/2-0.5, hy+0.4, '100V' , 'fontsize' , 11);
text(hx/2, 0.3, '0V' , 'fontsize' , 11);
hold off
```

运算结果

```
v1 =
0        0        0        0        0        0        0        0        0        0
0        0        0        0        0
0.9251   0.9284   0.9382   0.9549   0.9788   1.0106   1.0513   1.1028   1.1678   1.2511
1.3612   1.5138   1.7426   2.1268   1.8013
```

1.8436　1.8501　1.8696　1.9026　1.9497　2.0122　2.0919　2.1920　2.3173　2.4755
2.6797　2.9516　3.3297　3.0800　2.9518
2.7492　2.7588　2.7876　2.8362　2.9053　2.9965　3.1122　3.2560　3.4338　3.6541
3.9304　4.2831　4.0708　3.9116　3.8460
3.6357　3.6482　3.6859　3.7491　3.8388　3.9564　4.1043　4.2862　4.5076　4.7767
5.1049　4.9164　4.7588　4.6495　4.6089
4.4972　4.5125　4.5586　4.6357　4.7444　4.8860　5.0624　5.2768　5.5339　5.8401
5.6690　5.5188　5.3984　5.3189　5.2907
5.3279　5.3460　5.4002　5.4905　5.6172　5.7807　5.9825　6.2248　6.5109　6.3537
6.2122　6.0913　5.9973　5.9369　5.9160
6.1226　6.1434　6.2058　6.3091　6.4530　6.6372　6.8621　7.1288　6.9839　6.8516
6.7348　6.6370　6.5625　6.5155　6.4994
6.8755　6.8993　6.9703　7.0872　7.2485　7.4530　7.6999　7.5665　7.4441　7.3341
7.2384　7.1594　7.1002　7.0632　7.0507
7.5808　7.6081　7.6889　7.8207　8.0008　8.2265　8.1046　7.9931　7.8920　7.8023
7.7251　7.6622　7.6155　7.5866　7.5768
8.2317　8.2634　8.3563　8.5061　8.7076　8.5981　8.4989　8.4091　8.3286　8.2579
8.1976　8.1488　8.1129　8.0908　8.0834
8.8191　8.8574　8.9670　9.1396　9.0442　8.9595　8.8838　8.8159　8.7556　8.7030
8.6584　8.6227　8.5965　8.5804　8.5750
9.3301　9.3799　9.5147　9.4366　9.3701　9.3120　9.2607　9.2151　9.1748　9.1399
9.1105　9.0871　9.0699　9.0594　9.0559
9.7413　9.8175　9.7635　9.7219　9.6875　9.6578　9.6319　9.6089　9.5888　9.5714
9.5568　9.5451　9.5366　9.5314　9.5297
10.0000　10.0000　10.0000　10.0000　10.0000　10.0000　10.0000　10.0000　10.0000
10.0000　10.0000　10.0000　10.0000　10.0000　10.0000

电位分布如图4-29。

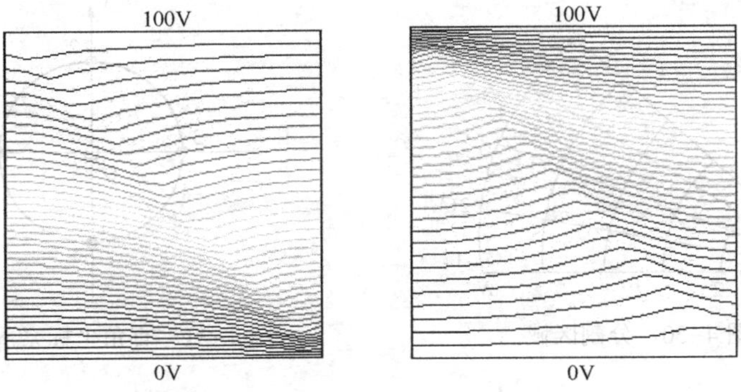

(a) k=0.25　　(b) k=5

图4-29　电位分布图

第三节　圆形域中拉普拉斯方程和泊松方程的差分格式

1. 差分格式

以二维泊松方程为例，该方程可表示为

$$\nabla^2 u = f(r,\ \theta) \qquad (0 < r < r_0,\ 0 \leqslant \varphi \leqslant 2\pi)$$

该方程在极坐标下可以写为

$$\frac{\partial^2 u}{\partial r^2} + \frac{1}{r}\frac{\partial u}{\partial r} + \frac{1}{r^2}\frac{\partial^2 u}{\partial \varphi^2} = f(r,\ \varphi) \tag{4-71}$$

用一组等角线和等距同心圆分割区域，将半径 $N-1$ 等分，圆周 $M-1$ 等分(见图4-30)，即有

$$\begin{cases} \Delta r = h = \dfrac{r_0}{N-1} \\ \Delta\varphi = \dfrac{2\pi}{M-1} \end{cases}$$

因此有结点坐标

$$\begin{cases} r_i = (i-1)h & (i = 1,\ 2,\ 3,\ \cdots,\ N) \\ \varphi_j = (j-1)\Delta\varphi & (j = 1,\ 2,\ 3,\ \cdots,\ M) \end{cases}$$

用中心差商代替式(4-71)中的微商，可以得到泊松方程的差分格式为

$$\alpha_0(u_{i,\ j-1} + u_{i,\ j+1}) + \alpha_1 u_{i-1,\ j} + \alpha_2 u_{i+1,\ j} - 2(1+\alpha_0)u_{i,\ j} = h^2 f(r_i,\ \varphi_j) \tag{4-72}$$

$$\alpha_0 = [\Delta\varphi(i-1)]^{-2},\ \alpha_1 = 1 - (2i-2)^{-1},\ \alpha_2 = 1 + (2i-2)^{-1}$$

2. 周期性条件

$$u(r,\ \varphi) = u(r,\ \varphi + 2\pi)$$

即满足

$$u_{i1} = u_{iM},\ u_{i2} = u_{i,\ M+1}$$

3. 圆心处差分格式

方程式(4-72)不适合于圆心($i=1$)，如图4-31所示，利用直角坐标系下五点差分格式，有

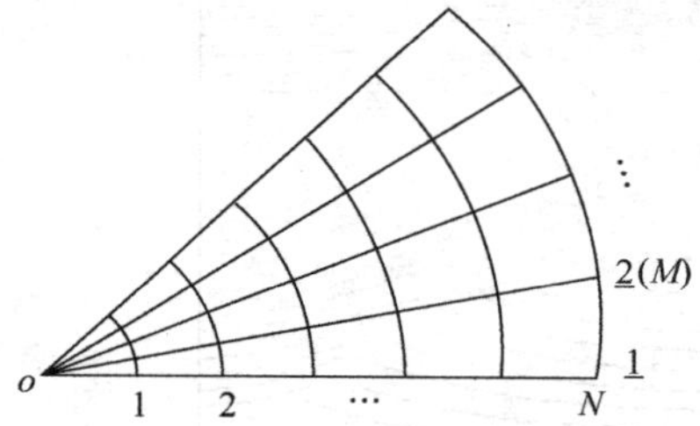

图4-30　分割区域

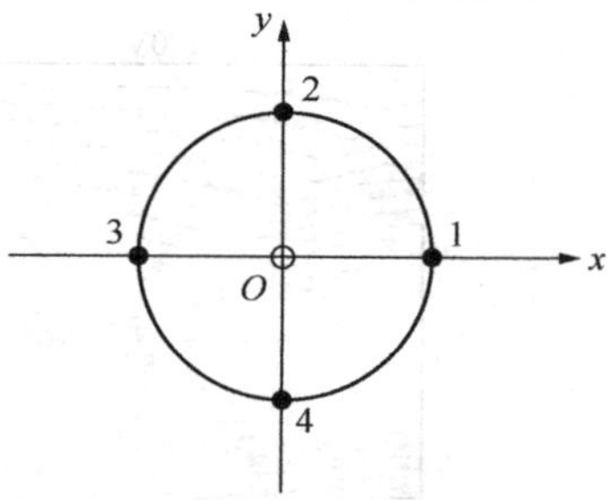

图4-31　直角坐标系下五点差分

$$\nabla^2 u_0 \approx \frac{1}{h^2}(u_1 + u_2 + u_3 + u_4 - 4u_0)$$

在一般情况下，可将上式写为

$$\nabla^2 u_0 = \frac{4}{h^2}(\vec{u} - u_0)$$

其中 $\vec{u}$ 是半径为 h 的圆周上各结点的平均值，即

$$\vec{u} = \frac{1}{M-1}\sum_{j=2}^{M} u_{2j}$$

4. 边界条件的差分格式

$$\left(b\frac{\partial u}{\partial r} + au\right)\bigg|_{r=r_0} = c(\varphi)$$

用误差为 $O(h^2)$ 的一阶向后差商代替 $\frac{\partial u}{\partial r}\big|_{r=r_0}$，则有

$$u_{nj} = \frac{2hc_j + 4bu_{n-1,\,j} - bu_{n-2,\,j}}{2ha + 3b}$$

例 4-5　同轴线内导线半径为 a，外导线半径为 b，两导线间填充均匀介质，相对介电常数为 ε_r，两导线间的电位差为 V_0，求同轴线介质间的电位分布。

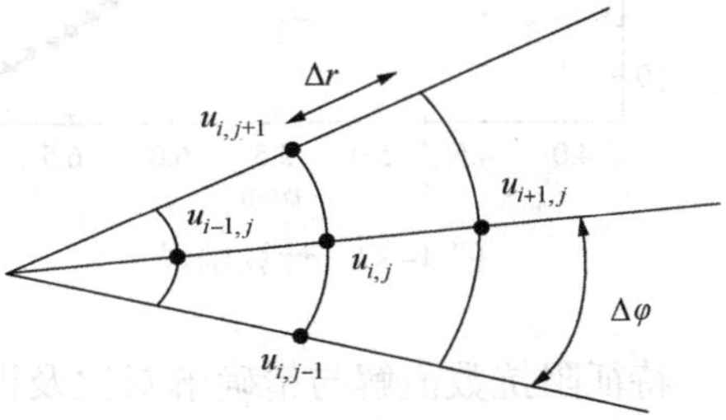

图 4-32　例 4-5 图

解：同轴线间的电位应满足拉普拉斯方程，极坐标下的方程形式为

$$\nabla^2 u = \frac{\partial^2 u}{\partial r^2} + \frac{1}{r}\frac{\partial u}{\partial r} + \frac{1}{r^2}\frac{\partial^2 u}{\partial \varphi^2} = 0$$

根据差分原理，如图 4-32 所示，作五点中心差商，得

$$\nabla^2 u = \frac{u_{i+1,\,j} - 2u_{i,\,j} + u_{i-1,\,j}}{(\Delta r)^2} + \frac{1}{(i-1)\Delta r}\frac{u_{i+1,\,j} - u_{i-1,\,j}}{2\Delta r} + \frac{1}{[(i-1)\Delta r]^2}\frac{u_{i,\,j+1} - 2u_{i,\,j} + u_{i,\,j-1}}{(\Delta\varphi)^2} = 0$$

对上式进行化简，可得

$$u_{i,\,j} = \frac{\alpha_0(u_{i,\,j-1} + u_{i,\,j+1}) + \alpha_1 u_{i-1,\,j} + \alpha_2 u_{i+1,\,j}}{2 + 2\alpha_0}$$

引入超松弛因子，进行超松弛迭代

$$u_{i,\,j}^{k+1} = \omega \times \frac{\alpha_0(u_{i,\,j-1}^{k+1} + u_{i,\,j+1}^{k+1}) + \alpha_1 u_{i-1,\,j}^{k+1} + \alpha_2 u_{i+1,\,j}^{k+1}}{2 + 2\alpha_0} + (1-\omega)u_{i,\,j}^{k}$$

式中，$\omega = 2 - \pi\sqrt{2}\sqrt{\frac{1}{p^2} + \frac{1}{q^2}}$

其中，p、q 分别为半径 r 方向上和角 ϕ 方向上的结点总数。

利用上述迭代公式求得同轴线介质间的电位分布后，可以利用

$$\vec{E} = -\nabla u = -\left(\frac{\partial u}{\partial r}\vec{e}_r + \frac{\partial u}{\partial \varphi}\vec{e}_\varphi\right)$$

求出电场。根据电位 u 分布沿角度方向的对称性，电位 u 仅沿法向有变化，

$$\vec{E}=-\nabla u=-\frac{\partial u}{\partial r}\vec{e}_r=-\frac{\mathrm{d}u}{\mathrm{d}r}\vec{e}_r$$

利用一阶向前差商公式$\frac{\mathrm{d}u_i}{\mathrm{d}x}=\frac{-u_{i+2}+4u_{i+1}-3u_i}{2\Delta r}$

可以求出内表面的电场。利用

$$C_0=\frac{q}{V_0}\quad Z_1=\frac{\varepsilon Z}{C_0}\quad (Z=\sqrt{\frac{\mu}{\varepsilon}}\text{ 为波阻抗})$$

求出同轴线的特征阻抗，而同轴线的特征阻抗精确解为

$$Z_0=\frac{1}{2\pi}\sqrt{\frac{\mu}{\varepsilon}}\ln\frac{b}{a}$$

取 $a=4\mathrm{cm}$，$b=6.909\mathrm{cm}$，$\Delta r=0.1\mathrm{cm}$，$\Delta\varphi=\frac{\pi}{8}$，$V_0=18\mathrm{V}$，用有限差分法的计算结果如图4-33。

电位分布的解析解为

$$u(r,\varphi)=\frac{V_0\ln(b/r)}{\ln(b/a)}$$

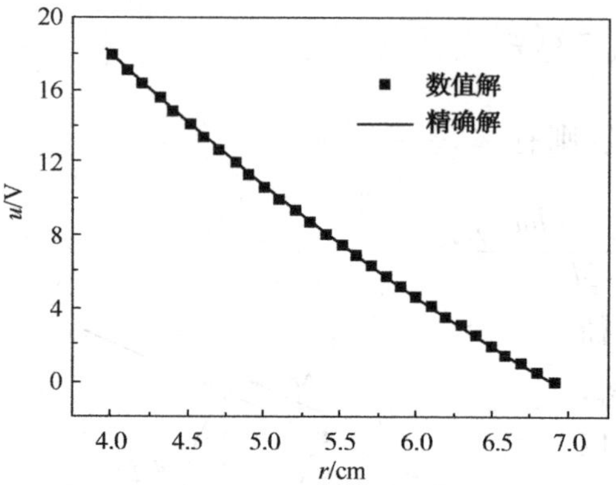

图 4-33　计算结果

特征阻抗数值解与精确解对比及误差如下：

ε_r	1	2	3	4	5
Z_1	32.691	23.116	18.874	16.345	14.620
Z_0	32.704	23.125	18.881	16.352	14.626
$\Delta Z_1/Z_0$	0.039%	0.040%	0.037%	0.043%	0.041%

第四节　轴对称场中拉普拉斯方程和泊松方程的差分格式

若求解区域是轴对称的，显然用圆柱坐标最合适，而且可归结为轴对称平面场。此时，拉普拉斯方程化为

$$\frac{\partial^2 u}{\partial r^2}+\frac{1}{r}\frac{\partial u}{\partial r}+\frac{\partial^2 u}{\partial z^2}=0 \tag{4-73}$$

可以用与上节同样的泰勒级数法得到此方程的五点差分格式，但是应该注意的是在轴对称的场中，场的空间分布及特征与平行平面场截然不同，网格在空间的延续部分是关于对称轴的一系列回转体。

若在某一对称平面上，用正方形网格予以划分，如图 4-34 所示，参照式(4-16)、式(4-17)，再以类似方式利用泰勒级数展开式求出$\frac{\partial u}{\partial r}$，即可得到圆柱坐标描述的轴对称场中

拉普拉斯方程的差分格式，其表达式为

$$\left(1+\frac{h}{2r_0}\right)u_1+u_2+\left(1-\frac{h}{2r_0}\right)u_3+u_4-4u_0=0 \tag{4-74}$$

式中，r_0 是场域内节点 0 的 r 坐标，它对不同节点是不同的，取决于节点位置的变化。与平行平面场类似，对场域内每一节点都可列出以该节点为 o 点的式(4-74)的差分格式。

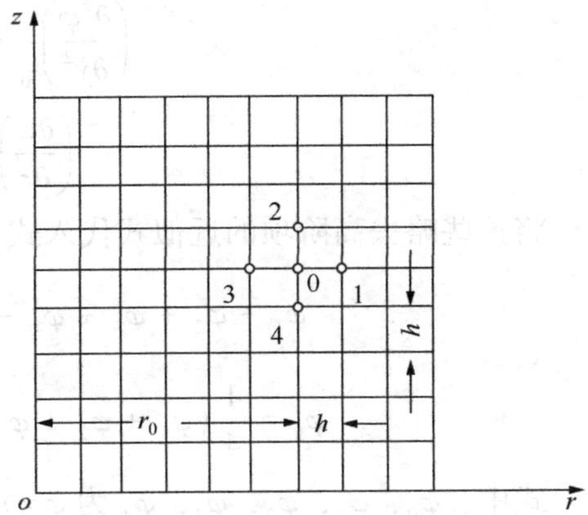

图 4-34　轴对称场域剖分图

（1）当节点位于轴线上时，由于 $r_0=0$，且在轴对称的情况下轴上的位函数呈现极值，即$\frac{\partial u}{\partial r}=0$，因而导致式(4-73)中$\frac{1}{r}\frac{\partial u}{\partial r}$项变成不定值。为此，应使用罗彼得法则予以确定，即令

$$\lim_{r\to 0}\left(\frac{1}{r}\frac{\partial u}{\partial r}\right)'=\lim_{r\to 0}\frac{\left(\frac{\partial u}{\partial r}\right)'}{(r)'}=\frac{\partial^2 u}{\partial r^2}\bigg|_{r=0}$$

将上式代入式(4-73)，可得适用于对称轴处的拉普拉斯方程，即

$$2\frac{\partial^2 u}{\partial r^2}+\frac{\partial^2 u}{\partial z^2}=0 \tag{4-75}$$

由于场的对称性，有 $u_1=u_3$，故在轴线上关于节点 0 的拉普拉斯方程的差分格式为

$$4u_1+u_2+u_4-6u_0=0 \tag{4-76}$$

（2）如果在给定场域 D 内，待求矢量磁位满足泊松方程，又给定场分布是轴对称，当取 z 为对称轴时，其圆柱坐标的泊松方程为

$$\frac{\partial}{\partial r}\left(\frac{1}{r}\frac{\partial}{\partial r}(rA_\theta)\right)+\frac{\partial^2 A_\theta}{\partial z^2}=-\mu J_0 \tag{4-77}$$

为了使离散后所得的差分格式比较简单，首先对方程式(4-77)进行等价变形处理。令 $\varphi=rA_\theta$，则有

$$\frac{\partial}{\partial r}\left(\frac{1}{r}\frac{\partial\varphi}{\partial r}\right)+\frac{1}{r}\frac{\partial^2\varphi}{\partial z^2}=-\mu J_\theta \tag{4-78}$$

展开整理后有

$$\frac{\partial^2\varphi}{\partial r^2}-\frac{1}{r}\frac{\partial\varphi}{\partial r}+\frac{\partial^2\varphi}{\partial z^2}=-\mu J_\theta \tag{4-79}$$

此方程左端的形式与式(4-23)很相似，其差别仅是一阶偏导数项差一负号。在数值计算中，首先要求出方程式(4-79)的差分格式，用与上节中同样的方法，在等步长 h 的正方形网格中可得

$$\left(\frac{\partial^2\varphi}{\partial x^2}\right)_0=\frac{1}{h^2}(\varphi_1+\varphi_3-2\varphi_0) \tag{4-80}$$

$$\left(\frac{\partial^2\varphi}{\partial y^2}\right)_0=\frac{1}{h^2}(\varphi_2+\varphi_4-2\varphi_0) \tag{4-81}$$

$$\left(\frac{\partial\varphi}{\partial r}\right)_0=\frac{1}{2h}(\varphi_1-\varphi_3) \tag{4-82}$$

将这些略去高阶项的近似式代入式(4-79)，就得到关于0点的五点差分格式，即

$$\varphi_1+\varphi_2+\varphi_3+\varphi_4-4\varphi_0-\frac{h}{2r_0}(\varphi_1-\varphi_3)=-h^2\mu r_0J_0 \tag{4-83}$$

或
$$\varphi_0=\frac{1}{4}\left(\varphi_1+\varphi_2+\varphi_3+\varphi_4-\frac{h}{2r_0}(\varphi_1-\varphi_3)+h^2\mu r_0J_0\right)$$

式中，φ_0，φ_1，φ_2，φ_3，φ_4 为 $\varphi=rA_0$ 在0，1，2，3，4点的节点参数；r_0 是0点的 r 坐标值；J_0 是 J 在0点的值。同理，对场域内每一个节点都可以列出一个由式(4-83)所表示的差分格式。如果场域内有 n 个节点，则有 n 个这样的方程，每个节点几乎都要分别处于0，1，2，3，4的位置。为了在实际计算中应用此差分公式，应当对全部节点进行统一编号。

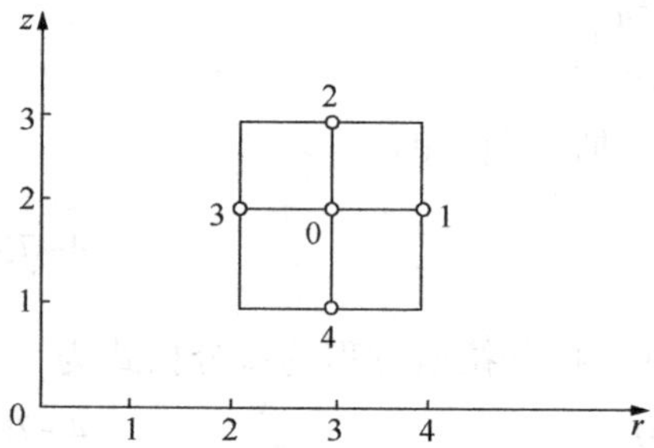

图4-35　rz平面节点编号

在二维平面场中，节点编号以二维数组表示最为方便，如图4-35所示。若在 r 方向上节点编号用 $i=1，2，3，\cdots$ 表示，在 z 方向上节点编号用 $j=1，2，3，\cdots$ 表示，且以 $i，j$ 表示0点的节点编号，则1点用 $(i+1，j)$，2点用 $(i，j+1)$，3点用 $(i-1，j)$，4点用 $(i，j-1)$ 表示。这样统一编号后，场域内任何一点的位函数均可用差分格式的通式表示。在直角坐标系中，拉普拉斯方程表示为

$$u_{i,j}=\frac{1}{4}(u_{i+1,j}+u_{i,j+1}+u_{i-1,j}+u_{i,j-1}) \tag{4-84}$$

泊松方程表示为

$$u_{i,j}=\frac{1}{4}(u_{i+1,j}+u_{i,j+1}+u_{i-1,j}+u_{i,j-1}+h^2f_{i,j}) \tag{4-85}$$

在圆柱坐标系中，轴对称场情况下，标量磁位拉普拉斯方程表示为

$$\varphi_{i,j}=\frac{1}{4}\left[\left(1-\frac{h}{2r_{i,j}}\right)\varphi_{i+1,j}+\varphi_{i,j+1}+\left(1-\frac{h}{2r_{i,j}}\right)\varphi_{i-1,j}+\varphi_{i,j-1}\right] \tag{4-86}$$

矢量磁位拉普拉斯方程表示为

$$\varphi_{i,j}=\frac{1}{4}\left[\varphi_{i+1,j}+\varphi_{i,j+1}+\varphi_{i-1,j}+\varphi_{i,j-1}-\frac{h}{2r_{i,j}}(\varphi_{i+1,j}-\varphi_{i-1,j})\right] \tag{4-87}$$

泊松方程表示为

$$\varphi_{i,j}=\frac{1}{4}\left[\varphi_{i+1,j}+\varphi_{i,j+1}+\varphi_{i-1,j}+\varphi_{i,j-1}-\frac{h}{2r_{i,j}}(\varphi_{i+1,j}-\varphi_{i-1,j})+h^2\mu r_{i,j}J_{i,j}\right] \tag{4-88}$$

习 题

1. 应用有限差分法求下列边值问题

$$\begin{cases}\dfrac{\partial^2 u}{\partial x^2}+\dfrac{\partial^2 u}{\partial y^2}=0 \qquad (0<x<20,\ 0<y<10)\\ u(x,\ 0)=u(x,\ 10)=0\\ u(0,\ y)=0,\ u(20,\ y)=100\end{cases}$$

2. 设有边长为6的正方形平板，其温度函数$u(x,\ y)$满足方程$\nabla^2 u=-2$，边界条件为

$$\begin{cases}\dfrac{\partial u}{\partial y}\Big|_{y=0}=15\\ \dfrac{\partial u}{\partial y}\Big|_{y=6}=-15\end{cases}$$

试写出相应的差分方程组并求解。

3. 应用有限差分法求解例4-5，利用MATLAB编程计算。

第五章 有限元素法

计算物理问题能够由解析方法求得精确解的不多，故多借助于计算数学中的数值方法来得到近似解。近年来，随着高速大容量计算机技术的迅速发展，它已很快地发展成为一门新兴的学科。计算物理学乃是利用数值方法把连续变量函数离散化，把微分方程化为差分方程，把积分方程化为有限和的形式，从而建立起收敛的代数方程组，然后分别利用计算机进行求解。

利用计算机进行求解之前，数值方法都需进行解析预处理。预处理工作量越少，该方法实现起来越容易。评论一种方法的性能还有精度、计算效率、存储要求、适应性和多功能性等方面。每种方法都有各自的优、缺点。对于给定的问题可以用不同方法去求解。初始选择一般依据待解问题的结构，然后通过几方面进行比较后来决定。

第一节 泛函与变分法

一、变分法

变分法是数学物理方法中的一个重要分支，通过应用变分法可以把一个任意边界条件下求解微分方程化为泛函求极值的问题。换句话说，变分法是研究求泛函极值的一种方法；求泛函极值的问题称为变分问题。

1. 泛函与变分问题

在工程问题中，除了要解决某个函数的极值问题外，通常还需要解决泛函的极值问题。凡变量的值是由一个或几个函数的选取而确定，这种变量就称为“泛函”。例如，x 是自变量，y 是因变量，则数学中的函数概念可表示为

$$y = y(x)$$

如果 I 又是一条曲线 $y=y(x)$ 的函数，即

$$I = I[y] = I[y(x)] \tag{5-1}$$

则称 I 为 y 的泛函数，简称为泛函。不严格地讲，泛函是“函数的函数”。

应当指出，泛函与复合函数是完全不同的两个概念。决定函数值的因素是自变量的取值，而决定泛函的值的因素则是函数的形式。例如，在

$$z = y^2 \qquad y = \sin x$$

中，给定一个 x 值，得到一个 y 值，相应地有一个 z 值，x 是 y 的自变量，y 是 z 的自变量。所以上式中的二个方程组成一个复合函数。在式(5-1)中，整条曲线 $y=y(x)$ 是自变量，即

I 是以整个函数 $y(x)$ 为变量，而不是仅依赖于若干分散的自变量。I 是 $y(x)$ 的函数，这是泛函。因此，泛函的值域属于实数或复数的数量空间，而泛函的定义域属于函数的集合或函数空间。

这里，我们以最速降线问题举例说明泛函和泛函极值问题。

例 5-1 如图 5-1 所示，给定一个过 $A(x_1, y_1)$，$B(x_2, y_2)$ 两个定点的光滑曲线 $y=y(x)$，此曲线在 A、B 两点之间的弧长为

$$L = \int_{x_1}^{x_2} \sqrt{1 + y'^2}\,dx$$

式中 $y' = \dfrac{dy}{dx}$

这些弧长不同的曲线对应于不同的 $y=y(x)$，所以弧长 L 可以看作是函数 $y=y(x)$ 的函数，式中的 L 就是一个泛函，记为 $L[y(x)]$。

例 5-2 最速降线（捷线）问题是历史上一个著名的变分问题。如图 5-1 所示，设定点 $A(0, 0)$ 和 $B(x_1, y_1)$ 不在同一沿垂线上，某一质量为 m 的质点，在重力作用下沿光滑曲线从定点 A 自由（无摩擦）下滑到定点 B。试确定一条曲线，使质点滑行的时间为最短。

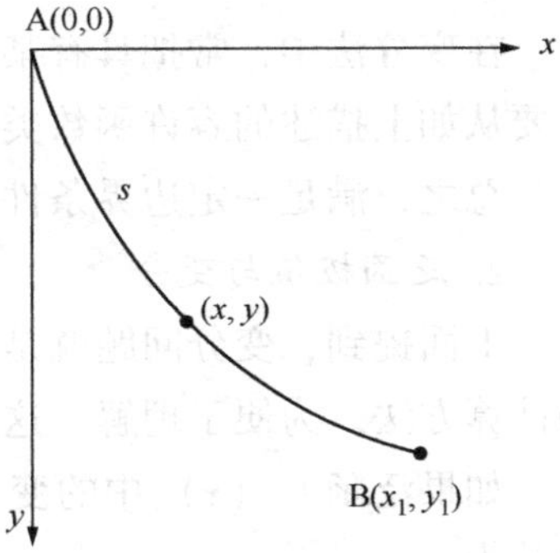

图 5-1 最速降线问题

设曲线段 AB 的弧线方程为 $y=y(x)$，则质点从 A 点下滑到该曲线上任一点 (x, y) 处，具有速率 $v = \dfrac{dS}{dt}$，其中 S 是 A 点到点 (x, y) 的弧长。根据能量守恒原理，有

$$\frac{1}{2}mv^2 = mgy$$

即

$$\frac{dS}{dt} = \sqrt{2gy}$$

再利用弧长微分公式 $dS = \sqrt{1+y'^2}$，得

$$dt = \sqrt{\frac{1 + y'^2}{2gy}}\,dx$$

两边积分，可得从 A 点沿曲线 $y=y(x)$ 下滑到 B 点所需的时间为

$$T = \int_0^{x_1} \sqrt{\frac{1 + y'^2}{2gy}}\,dx$$

可以看出，时间 T 是曲线 $y=y(x)$ 的“函数”，称 T 为 $y(x)$ 的泛函，记作 $T[y(x)]$，它是问题中有待极小化的对象。现在的问题已被归结为在通过 A，B 两点的光滑曲线中选择一条使 T 取得最小值的曲线。所求曲线称为“最速降线”，或“捷线”。

例 5-3 空间曲面的面积。设空间曲面方程为 $z=z(x, y)$，此曲面的面积为

$$I[z(x, y)] = \int_D \sqrt{1 + \left(\frac{\partial z}{\partial x}\right)^2 + \left(\frac{\partial z}{\partial y}\right)^2}\,dxdy$$

式中，D 为曲面 $z=z(x, y)$ 在平面 oxy 上的投影。因为曲面的面积依赖于二元函数 $z=z(x, y)$，所以它也是一个泛函。

对于问题 5-2，如果提出这样的问题：求联结 A，B 两点的最速下降线 $y(x)$ 的方程，也就是，求满足下列条件：

$$\left.\begin{aligned} &T=\int_0^{x_1}\sqrt{\frac{1+y'^2}{2gy}}\mathrm{d}x\to\min \\ &y(0)=0,\ y(x_1)=y_1 \end{aligned}\right\}$$

的 $y(x)$，这称为泛函极值问题，或称为变分问题。因为数学中，称函数极值问题为微分问题，所以相应地，称泛函的极值问题为“变分问题”。求泛函极值的方法称为“变分法”。

在讨论变分问题时，应指明泛函所依赖的函数需满足的条件。例如，对于上述最速下降线问题的泛函 T，它所依赖的函数 $y(x)$ 应满足条件：

$$y(0)=0,\ y(x_1)=y_1$$

在变分法中，常把具有某些共同性质的函数集，称为“容许函数类”。而最速下降线就是要从如上描述的容许函数类中确定使 T 达到极小的那些曲线。

总之，满足一定边界条件的泛函极值问题称为变分问题。

2. 泛函极值与变分

上面提到，变分问题就是研究泛函极值的问题，泛函极值的计算方法类似于函数极值的计算方法。为便于理解，这里我们先介绍变分的概念。

如果泛函 $I[y(x)]$ 中的变量 $y(x)$，在容许函数类 S 中由 $y(x)$ 变到 $y_1(x)$，$y_1(x)$ 与 $y(x)$ 的差为

$$\delta y=y_1(x)-y(x) \tag{5-2}$$

δy 称为自变量 $y(x)$ 的变分。应当指出，δy 是 x 的函数，即 $\delta y(x)$。不难看出，变分 δy 与微分 $\mathrm{d}y$ 是两个不同的概念：$\mathrm{d}y$ 是 x 变化引起的微分（见图 5-2），而 δy 是对应于同一个 x 的两个函数 $y(x)$ 之差（见图 5-3）。

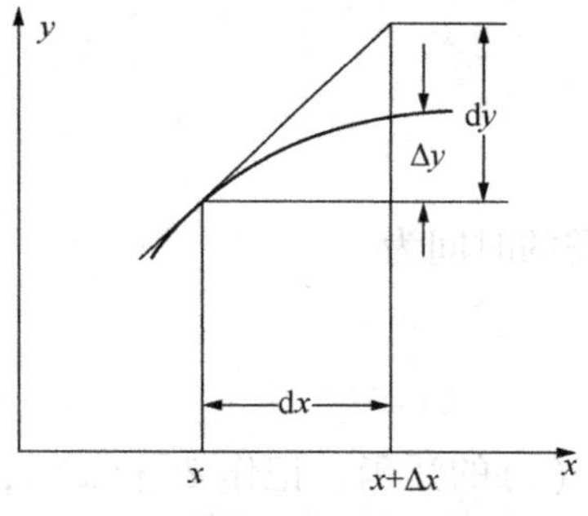

图 5-2 微分 $\mathrm{d}y$

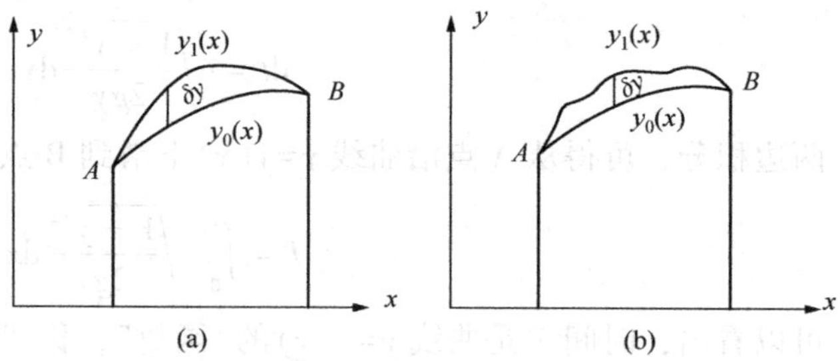

图 5-3 变分 δy

函数的微分是函数增量的线性主部，即如果函数 $y(x)$ 的增量 $\Delta y=y(x+\Delta x)-y(x)$ 可表示为

$$\Delta y=A(x)\Delta x+0(\Delta x) \tag{5-3}$$

则函数的微分为

$$dy = A(x)\Delta x \tag{5-4}$$

因此，引入"泛函的变分"的概念。如果泛函数 $I[y(x)]$ 的增量 $\Delta I = I[y(x)+\delta y]-I[y(x)]$ 可以表示成

$$\Delta I = L[y(x),\ \delta y] + \rho[y(x),\ \delta y] \tag{5-5}$$

这里，$L[y(x),\ \delta y]$ 对 δy 而言是线性的，而 $\rho[y(x),\ \delta y]$ 是高次项，则称 $L[y(x),\ \delta y]$ 为"泛函的变分"，记作 δI。

关于 δI 的计算，有下述定理：如果泛函 $I[y(x)]$ 的变分 δI 存在，则 δI 等于函数 $\varphi(\lambda) = I[y(x)+\lambda\delta y]$ 的导函数在 $\lambda = 0$ 处的值，即

$$\delta I = \frac{d\varphi}{d\lambda}\Big|_{\lambda=0} \tag{5-6}$$

这就是变分 δI 的具体计算式。现在对上式加以简单证明：

$$\frac{d\varphi}{d\lambda}\Big|_{\lambda=0} = \lim_{\lambda\to 0}\frac{\varphi(\lambda)-\varphi(0)}{\lambda} = \lim_{\lambda\to 0}\frac{I[y(x)+\lambda\delta y]-I[y(x)]}{\lambda}$$

因 δI 存在，故

$$I[y(x)+\lambda\delta y] - I[y(x)] = L[y(x),\ \delta y] + \rho[y(x),\ \delta y]$$

于是

$$I[y(x)+\lambda\delta y] - I[y(x)] = L[y(x),\ \lambda\delta y] + \rho[y(x),\ \lambda\delta y]$$

由于 $L[y(x),\ \delta y]$ 对 δy 是线性泛函，所以

$$L[y(x),\ \lambda\delta y] = \lambda L[y(x),\ \delta y]$$

从而

$$\frac{d\varphi}{d\lambda}\Big|_{\lambda=0} = \lim_{\lambda\to 0}\frac{\lambda L[y(x),\ \delta y]+\rho[y(x),\ \lambda\delta y]}{\lambda}$$

$$= L[y(x),\ \delta y] + \lim_{\lambda\to 0}\frac{\rho[y(x),\ \lambda\delta y]}{\lambda}$$

考虑到当 $\max|\delta y|\to 0$ 时，有

$$\frac{\rho[y(x),\ \delta y]}{\max|\delta y|}\to 0$$

故

$$\lim_{\lambda\to 0}\frac{\rho[y(x),\ \lambda\delta y]}{\lambda} = \lim_{\lambda\to 0}\frac{\rho[y(x),\ \lambda\delta y]}{\max|\lambda\delta y|}\times\frac{\max|\lambda\delta y|}{\lambda}$$

$$= \lim_{\lambda\to 0}\frac{\rho[y(x),\ \lambda\delta y]}{\max|\lambda\delta y|}\times\max|\delta y| = 0$$

即得

$$\delta I = \frac{d\varphi}{d\lambda}\Big|_{\lambda=0}$$

很容易证明，变分算子 δ 与微分算子 d 的性质完全相似。例如

(1) $\delta(I_1+I_2) = \delta I_1 \pm \delta I_2$

(2) $\delta(I_1 I_2) = I_1\delta I_2 + I_2\delta I_1$

(3) $\delta\left(\frac{I_1}{I_2}\right) = \frac{I_2\delta I_1 - I_1\delta I_2}{I_2^2}$

(4) $\frac{d}{dx}(\delta y)=\delta\left(\frac{dy}{dx}\right)$

(5) $\delta\int_a^b y(x)\,dx=\int_a^b \delta y(x)\,dx$

这表明计算变分的规则与计算微分的规则是完全相似的。

如果函数 $y(x)$ 在 x_0 达极值，则有

$$dy(x)\mid_{x=x_0}=0 \tag{5-7}$$

类似地，若泛函 $I[y(x)]$ 在 $y_0(x)$ 上达极值，则有

$$\delta I\,[y(x)]_{y=y_0(x)}=0 \tag{5-8}$$

这里对上式给出简单的证明。设 $y_0(x)$ 是使泛函 $I[y(x)]$ 取极值的函数，那么对于任一 δy，这等于函数 $\varphi(\lambda)=I[y_0(x)+\lambda\delta y]$ 在 $\lambda=0$ 时达极值。函数

$$\varphi(\lambda)=I[y_0(x)+\lambda\delta y]$$

在 $\lambda=0$ 时取极值，必有

$$\varphi'(0)=\delta I=0 \tag{5-9}$$

此为泛函达到极值之 $y(x)$ 应适合的必要条件。它表明泛函 $I(y)$ 取极值的必要条件即是变分为零。

应当指出，与函数极值条件一样，式(5-9)只是泛函极值的必要条件，如要判别泛函 $I[y(x)]$ 是否有极值，是极大还是极小，还要看二阶变分而定。在许多数学物理问题中，可以根据问题的物理意义判别泛函是极大还是极小。

上面讨论的一元函数的泛函，我们可以毫无困难地将有关结论推广至多元函数的泛函。现以二元函数为例。

用 u 表示二元函数：$u=u(x,\ y)$；I 是 u 的泛函：$I[u]=I[u(x,\ y)]$。自变量 u 的变分是 $\delta u(x,\ y)$，泛函的变分计算公式是

$$\delta I=\frac{d\varphi(\lambda)}{d\lambda}\mid_{\lambda=0}$$

这里 $\varphi(\lambda)=I[u(x,\ y)+\lambda\delta u(x,\ y)]$。而泛函的极值条件是

$$\delta I=0 \tag{5-10}$$

与一元函数的泛函的极值条件相同。

3. *尤拉方程*

这里介绍一种解变分问题的方法。这种方法是将变分问题，转变为微分方程，称为尤拉(Euler)方程。解尤拉方程，可得变分问题的解。

现在考虑下列形式的泛函：

$$I[y(x)]=\int_{x_1}^{x_2}F[x,\ y(x),\ y'(x)]\,dx \tag{5-11}$$

如果泛函达到了极值的条件是泛函的变分在 $y(x)=y_0(x)$ 处为零，即

$$\delta I=\int_{x_1}^{x_2}\left[\frac{\partial F}{\partial y}\delta y+\frac{\partial F}{\partial y'}\delta y'\right]dx=0$$

$$\delta I=\int_{x_1}^{x_2}\frac{\partial F}{\partial y}\delta y\,dx-\int_{x_1}^{x_2}\left[\frac{d}{dx}\left(\frac{\partial F}{\partial y'}\right)\right]\delta y\,dx+\left[\frac{\partial F}{\partial y'}\delta y\right]_{x_1}^{x_2}=0$$

由于在 x_1 及 x_2 处 $\delta y(x_1)=\delta y(x_2)=0$，故上式末一项等于零，极值条件化为

$$\delta I = \int_{x_1}^{x_2}\left[\frac{\partial F}{\partial y} - \frac{\mathrm{d}}{\mathrm{d}x}\left(\frac{\partial F}{\partial y'}\right)\right]\delta y \mathrm{d}x = 0$$

由于 δy 虽然是无穷小量，但是任意的，所以上式为零的条件必有

$$\frac{\partial F}{\partial y} - \frac{\mathrm{d}}{\mathrm{d}x}\left(\frac{\partial F}{\partial y'}\right) = 0 \tag{5-12}$$

这就是在容许函数类 S 中使泛函式(5-11)达到极值时 $y(x)$ 应适合的必要条件，称为“尤拉方程”。现在只需要求出尤拉方程满足所给边界条件 $y(x_1)=y_1$ 和 $y(x_2)=y_2$ 的解答，则得到的函数必然使式(5-11)取极值，得到的解 $y(x)$ 称为泛函式(5-11)的极值曲线(函数)。因此，泛函求极值函数的问题，与求解其尤拉方程是等价的。或者说，微分方程的求解和对应的泛函变分的求解是等价的。

例 5-4　求解最速下降线 $y(x)$，即解变分问题

$$\left.\begin{aligned} &T = \int_0^{x_1}\sqrt{\frac{1+y'^2}{2gy}}\mathrm{d}x \to \min \\ &y(0)=0,\ y(x_1)=y_1 \end{aligned}\right\}$$

解：$F=\dfrac{\sqrt{1+y'^2}}{\sqrt{2gy}}$

将 F 直接代入尤拉方程 $\dfrac{\partial F}{\partial y}-\dfrac{\mathrm{d}}{\mathrm{d}x}\left(\dfrac{\partial F}{\partial y'}\right)=0$，得到一个繁杂的微分方程。但经过整理得，尤拉方程的首次积分是 $\dfrac{\sqrt{1+y'^2}}{\sqrt{2gy}}-\dfrac{y'^2}{\sqrt{2gy}\sqrt{1+y'^2}}=C$

或者

$$y\sqrt{1+y'^2}=\frac{1}{2gC^2}=C_1$$

上述方程可用参数方程求解。为此令 $y'=\mathrm{ctg}t$，代入上式，得

$$y = \frac{C_1}{1+ctg^2t} = \frac{C}{2}(1-\cos^2 t)$$

$$\mathrm{d}x = \frac{\mathrm{d}y}{y'} = \frac{2C_1\sin t\cos t\mathrm{d}t}{ctgt} = C_1(1-\cos 2t)\mathrm{d}t$$

积分，得

$$x = \frac{C_1}{2}(2t - \sin 2t) + C_2$$

因此，所求曲线的参数方程是

$$x = \frac{C_1}{2}(2t - \sin 2t) + C_2 \quad (\mathrm{a})$$

$$y = \frac{C_1}{1+ctg^2t} = \frac{C}{2}(1-\cos^2 t) \quad (\mathrm{b})$$

将边界条件 $y(0)=0$，$y(x_1)=y_1$，代入，可确定方程中的参数 C_1 和 C_2。参数方程(a)，(b)式代表圆滚线。所以，最速下降线是圆滚线。

4. 自然边界条件

前面在研究泛函 $I[y(x)]=\int_{x_1}^{x_2}F[x, y(x), y'(x)]\mathrm{d}x$ 的极值时，是假定函数 $y(x)$ 取自函数类 S，而 S 中的函数都满足 $y(x_1)=y_1$，$y(x_2)=y_2$ 的条件，这是两边界端点固定的情形。现在假设左端点固定，右端点可沿直线 $x=x_2$ 自由移动。在这种情况下，根据泛函 $I[y(x)]$ 取极值的必要条件 $\delta I=0$，可按前面方法类似进行推导，得

$$\delta I = \int_{x_1}^{x_2}\left[\frac{\partial F}{\partial y} - \frac{\mathrm{d}}{\mathrm{d}x}\left(\frac{\partial F}{\partial y'}\right)\right]\delta y\mathrm{d}x + \left[\frac{\partial F}{\partial y'}\delta y\right]_{x=x_2}$$

因为此式对一切 δy 均应成立，当然对满足附加条件 $\delta y|_{x=x_2}=0$ 的那部分 δy 更应成立，所以 $y(x)$ 仍然必须满足 Euler 方程

$$\frac{\partial F}{\partial y} - \frac{\mathrm{d}}{\mathrm{d}x}\left(\frac{\partial F}{\partial y'}\right) = 0$$

这样，代回前式，$\delta I=0$ 可补足确定解所需的另一个边界条件

$$\left[\frac{\partial F}{\partial y'}\delta y\right]_{x=x_2} = 0 \tag{5-13}$$

上式对一切 δy 成立，因 $\delta y|_{x=x_2}=0$ 可以任意，所以

$$\frac{\partial F}{\partial y'}\bigg|_{x=x_2} = 0 \tag{5-14}$$

这样，在所讨论的情形，泛函 $I[y(x)]$ 取极值的必要条件是所求极值函数 $y(x)$ 必须满足 Euler 方程，$y(x_1)=y_1$，以及在 $x=x_2$ 必须满足式(5-14)。

由此我们看到，式(5-14)不必对泛函的容许函数类作为条件提出，它是从达到泛函极值的函数的最基本的必要条件 $\delta I=0$ 可自然推出的，这种条件称为“自然边界条件”。自然边界条件对应于微分方程的第二类边界条件。

从上面的讨论看出，泛函的形式具有两个明显的优点：第一，泛函中包含了微分方程的第二类边界条件，无需另外考虑，只要找到泛函就可以了；而在微分方程中，却没有包含这类边界条件，需作专门的考虑，否则得不到定解。因此，在变分原理中，人们把含有独立函数的导数的边界条件称为自然边界条件，而把微分方程的第一类边界条件称为强加边界条件，因为它在变分过程中要强加上去。第二，泛函被积函数中包含的最高阶导数的阶次低于微分方程中最高阶导数的阶次。

二、多元函数的泛函的变分问题

我们可以把上一节的有关结果推广到多自变量和多因变量的情况。设有下列泛函的表达式：

$$I(u) = \int_S F(x, y, u, u_x, u_y)\mathrm{d}x\mathrm{d}y \tag{5-15}$$

式中，x，y 为自变量，u 为 x，y 的待定函数，积分域 S 在 xy 平面内，且 $u(x, y)$ 在 S 域的

边界 C 上为给定的，在边界上

$$\delta u = 0$$

这时，泛函取极值的条件是

$$\delta I = \int_S \left[\left(\frac{\partial F}{\partial u} \delta u + \frac{\partial F}{\partial u_x} \delta u_x + \frac{\partial F}{\partial u_y} \delta u_y \right) \right] \mathrm{d}x\mathrm{d}y = 0 \tag{5-16}$$

式中变分 δu 在 S 内为连续可微，并在边界 C 上为零，在其他处为任意值。

利用分部积分法，对含有导数的微分项进行积分，例如，对于图 5-4 所示平面区域，可以写出

$$\int_S \frac{\partial F}{\partial u_x} \delta\left(\frac{\partial u}{\partial u}\right) \mathrm{d}x\mathrm{d}y = \int_a^b \int_{x_1(y)}^{x_2(y)} \frac{\partial F}{\partial u_x} \frac{\partial}{\partial x}(\delta u) \mathrm{d}x\mathrm{d}y$$

$$= \int_a^b \left\{ \left[\frac{\partial F}{\partial u_x} \delta u \right]_{x_1(y)}^{x_2(y)} - \int_{x_1(y)}^{x_2(y)} \left[\frac{\partial}{\partial x}\left(\frac{\partial F}{\partial u_x}\right) \delta u \right] \mathrm{d}x \right\} \mathrm{d}y$$

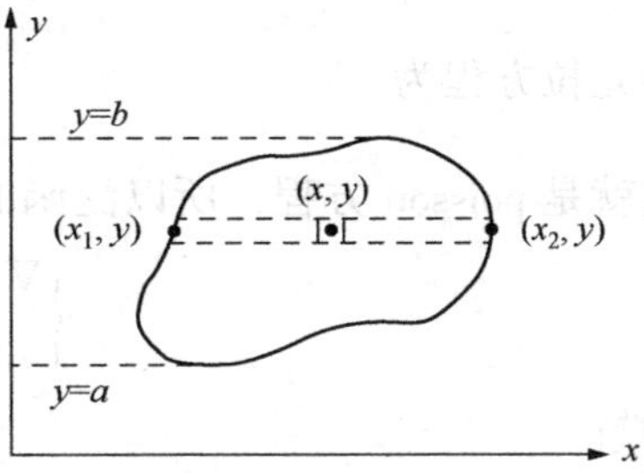

图 5-4　平面区域图

式中，经 x_1 与 x_2 为沿 x 方向积分时对应于同一 y 值两端的 x 值。由于 δu 沿边界为零，故上式右边第一项为零，于是得

$$\int_S \frac{\partial F}{\partial u_x} \delta\left(\frac{\partial u}{\partial u}\right) \mathrm{d}x\mathrm{d}y = - \int_S \frac{\partial}{\partial x}\left(\frac{\partial F}{\partial u_x}\right) \delta u \mathrm{d}x\mathrm{d}y$$

其他各项按此处理，最后得

$$\delta I = \int_S \left\{ \left[\frac{\partial F}{\partial u} - \frac{\partial}{\partial x}\left(\frac{\partial F}{\partial u_x}\right) - \frac{\partial}{\partial x}\left(\frac{\partial F}{\partial u_y}\right) \right] \delta u \right\} \mathrm{d}x\mathrm{d}y = 0 \tag{5-17}$$

又因为在 S 域内，δu 的任意性，于是，从式(5-17)得

$$\frac{\partial F}{\partial u} - \frac{\partial}{\partial x}\left(\frac{\partial F}{\partial u_x}\right) - \frac{\partial}{\partial y}\left(\frac{\partial F}{\partial u_y}\right) = 0 \tag{5-18}$$

这是相应于泛函式(5-15)的尤拉方程，是 I 取极值的必要条件。它是二阶偏微分方程，解这个方程，得到带积分常数的极值函数 u。代入沿 C 的边界条件后，解出积分常数，最后得函数 $u(x, y)$。

进一步考虑两个自变量 x 和 y 以及两个因变量 $u(x, y)$ 和 $v(x, y)$ 的情况，泛函则可写成

$$I(u, v) = \int_S F(x, y, u, v, u_x, u_y, v_x, v_y) \mathrm{d}x\mathrm{d}y$$

相应欧拉方程为

$$\frac{\partial F}{\partial u} - \frac{\partial}{\partial x}\left(\frac{\partial F}{\partial u_x}\right) - \frac{\partial}{\partial y}\left(\frac{\partial F}{\partial u_y}\right) = 0$$

$$\frac{\partial F}{\partial v} - \frac{\partial}{\partial x}\left(\frac{\partial F}{\partial v_x}\right) - \frac{\partial}{\partial y}\left(\frac{\partial F}{\partial v_y}\right) = 0$$

例 5-5　求与下列变分问题相应的边值问题

$$\left.\begin{aligned}&I(u)=\frac{1}{2}\int_S\left[\left(\frac{\partial u}{\partial x}\right)^2+\left(\frac{\partial u}{\partial y}\right)^2-2f(x,\ y)u\right]\mathrm{d}x\mathrm{d}y\ \text{取极值}\\&u(x,\ y)\mid_C=g(x,\ y)-\text{已知函数}\end{aligned}\right\}$$

式中，C 是二维区域 S 的边界。

解：现在

$$F(x,\ y,\ u,\ u_x,\ u_y)=\left(\frac{\partial u}{\partial x}\right)^2+\left(\frac{\partial u}{\partial y}\right)^2-2f(x,\ y)u$$

故尤拉方程为

$$-\left(\frac{\partial^2 u}{\partial x^2}+\frac{\partial^2 u}{\partial y^2}\right)=f(x,\ y)$$

这就是 poisson 方程，所以泛函的极值函数 $u(x,\ y)$ 也就是微分方程的边值问题

$$\begin{cases}\nabla^2 u=-f(x,\ y) & (\text{在 } S \text{ 域中})\\ u\mid_C=g(x,\ y)\end{cases}$$

的解。

三、变分问题的直接解法——Ritz 法

泛函取极值的求解归结为尤拉微分方程的求解，这是变分问题的间接解法。通过这一间接法可以看出，某些微分方程边值问题的求解等价于相应变分问题的求解。对于变分问题可根据极值意义采用直接方法处理，以求其近似解，里兹法就是求解变分问题的一种近似方法。

里兹法的基本思想是用一个有限项适当选择的函数 $\varphi_i(x)$ 的线性组合来近似地代表真实解，称为试探解，可以写为

$$\bar{y}=\sum_{i=1}^{n}c_i\varphi_i(x)\tag{5-19}$$

其中每个函数 $\varphi_i(x)$ 都能单独地满足边界条件。如果将 $\varphi_i(x)$ 组成一个完备系，那么在理论上它可以导致精确解。但实际上由于计算量正比于 n 的平方，在求近似解时，希望 n 尽量选取得小。为了计算方便，往往将 $\varphi_i(x)$ 选为一组正交函数。

问题的实质转变为如何求出试探解式(5-19)中的系数，c_1，c_2，…，c_n。这需将式(5-19)代入泛函中

$$I(u)=\int_{x_1}^{x_2}F(x,\ y,\ y')\,\mathrm{d}x\approx\int_{x_1}^{x_2}F[x,\ \sum_{i=1}^{n}c_i\varphi_i(x),\ \sum_{i=1}^{n}c_i\varphi'(x))\,\mathrm{d}x\tag{5-20}$$

这样，积分后就把泛函 $I(u)$ 转换成这些系数 $c_i(i=1,\ 2,\ \cdots,\ n)$ 的函数，即

$$I(u)=I(c_1,\ c_2,\ \cdots,\ c_n)$$

当其对每个系数的偏导为零，即

$$\frac{\partial I}{\partial c_i}=0,\ (i=1,\ 2,\ \cdots,\ n)\tag{5-21}$$

时，该函数的极小值即可求得。解上述线性联立方程组式求出 c_i 并代入式(5-19)，得近似解。当 $n\to\infty$，若 $\bar{y}\to y$，则该过程收敛于精确解。一般说来，近似解的精度与试探函数系

$\varphi_i(x)$的选择及项数的多寡有关。如果试探函数的性质与泛函所需解的性质相近，则里兹法有较高的精度。

例 5-6 已知 $y(0)=y(1)=0$，试确定 $y=f(x)$使泛函 $I(y)=\int_0^1(y'^2+2x^3y)\mathrm{d}x$ 取极值。

解：以幂级数 1，x，x^2，x^3…的前 4 项的线性组合

$$y=c_0+c_1x+c_2x^2+c_3x^3$$

作为试探解，将边界条件 $y(0)=y(1)=0$ 代入上式，得 $c_0=0$，$c_1=-(c_2+c_3)$。将 $y=-(c_2+c_3)x+c_2x^2+c_3x^3$ 代入泛函 $I(y)$中积分后，得

$$I=\frac{1}{3}c_2^2+\frac{4}{5}c_3^2+c_2c_3-\frac{1}{15}c_2-\frac{4}{35}c_3$$

求偏导$\frac{\partial I}{\partial c_i}$，得下列方程组

$$\frac{2}{3}c_2+c=\frac{1}{15}$$

$$c_2+\frac{8}{5}c_3=\frac{4}{35}$$

由此解得 $c_2=-\frac{4}{35}$，$c_3=\frac{1}{7}$

所以近似解为 $y=\frac{1}{35}(5x^3-4x^2-x)$

该变分问题的精确解是 $y=\frac{1}{20}(x^5-x)$

试探解与精确解之间的比较见图 5-5。精确解是五次多项式，而试探解是三次多项式，所以它们之间还有一些差别。如果选幂级数的前五项的线性组合作为试探解，它们与精确解的差别将缩小。如果选用五次以上多项式作为试探解，则能得到完全精确的结果。

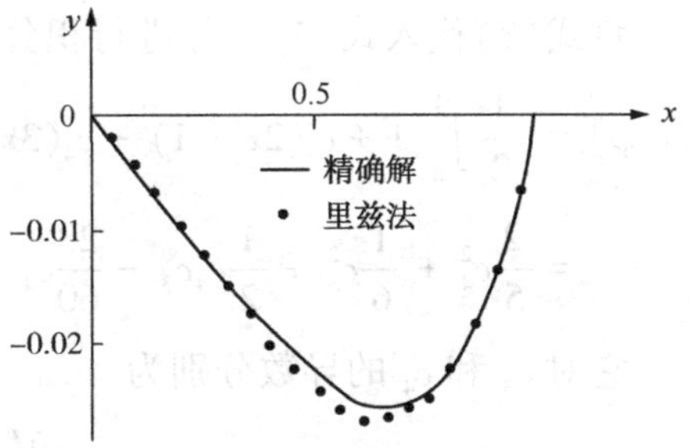

图 5-5 试探解与精确解的比较

里兹法的根本性缺点是，在全区域上选择试探函数系列，这在实际问题中是很难做到的。对于边界形状复杂的二维以及三维变分问题。较难找到一个函数系列的线性组合来满足边界条件。而且当函数项数增加时，运算复杂。当研究区域中的介质性质不连续时，里兹法有很大的困难。这些缺点限制了里兹法的应用。

四、一个简单的例子

例 5-7 求两块无限大平行板间的静电位 φ。一块板位于 $x=0$ 处，$\varphi=0\text{V}$，另一块板位于 $x=1\text{m}$ 处，$\varphi=1\text{V}$。两块平行板间充满了介电常数为 $\varepsilon(F/m)$的媒质，其间的电荷密度为

$$\rho(x) = -(x+1)\varepsilon(F/m)$$

该问题可用泊松方程作数学描述

$$\frac{d^2\varphi}{dx^2} = -\frac{\rho}{\varepsilon} = x + 1 \qquad (0 < x < 1) \tag{1}$$

其边界条件为

$$\varphi|_{x=0} = 0 \tag{2}$$

$$\varphi|_{x=1} = 1 \tag{3}$$

对式(1)积分两次，再利用式(2)和式(3)定出积分常数，就可很容易地得到此问题的精确解为

$$\varphi(x) = \frac{1}{6}x^3 + \frac{1}{2}x^2 + \frac{1}{3}x \tag{4}$$

1. *用里兹法求解*

与上述问题等价的泛函为

$$I[\varphi] = \frac{1}{2}\int_0^1 \frac{d^2\varphi}{dx^2}dx + \int_0^1 (x+1)\varphi dx \tag{5}$$

选多项式

$$\varphi(x) = c_1 + c_2 x + c_3 x^2 + c_4 x^3 \tag{6}$$

作为试探解

式中，c_i(i=1，2，3，4)是待定的未知常数。应用边界条件式(2)和式(3)，得到

$$c_1 = 0,\ c_2 + c_3 + c_4 = 1,\ c_2 = 1 - c_3 - c_4$$

因而，式(6)化为

$$\varphi(x) = x + c_3(x^2 - x) + c_4(x^3 - x) \tag{7}$$

将式(7)代入式(5)，并进行积分得到

$$I[\varphi] = \frac{1}{2}\int_0^1 [1 + c_3(2x-1) + c_4(3x^2-1)]dx + \int_0^1 (x+1)[x + c_3(x^2-x) + c_4(x^3-x)]dx$$

$$= \frac{2}{5}c_4^2 + \frac{1}{6}c_3^2 + \frac{1}{2}c_4c_3 - \frac{23}{60}c_4 - \frac{1}{4}c_3 + \frac{4}{3}$$

它对 c_3 和 c_4 的导数分别为

$$\frac{\partial I}{\partial c_3} = \frac{1}{3}c_3 + \frac{1}{2}c_4 - \frac{1}{4}$$

$$\frac{\partial I}{\partial c_4} = \frac{4}{5}c_4 + \frac{1}{2}c_3 - \frac{23}{60}$$

令上两式分别等于零，得到两个线性方程，它们的解为 $c_3 = \frac{1}{2}$，$c_4 = \frac{1}{6}$，因而得到了与式(6)中相同的解。

在此题中，利用里兹方法，在整个解域内找出能表示或近似表示问题真实解的试探函数，是非常重要的步骤。然而对许多问题，这个步骤是十分困难的。因此，我们可将整个区域划分成小子域，并应用定义在每个子域上的试探函数，因子域是小区域，因而在每一

子域内，函数 $\varphi(x)$ 的变化不大，试探函数通常比较简单。

2. 用子域展开法求解

将整个区域分成三个子域，并用 (x_1, x_2)、(x_2, x_3) 和 (x_3, x_4) 表示，其中 x_1 和 x_4 是端点，即 $x_1=0$ 和 $x_4=1$（见图 5-6）。在此采用等分方法，另外两个点选为 $x_2=\dfrac{1}{3}$ 和 $x_3=\dfrac{2}{3}$。假设 $\varphi(x)$ 在每个子域上线性变化，

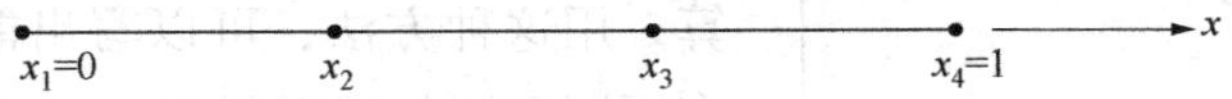

图 5-6 子域展开法求解(1)

$$\overline{\varphi(x)} = \varphi_i \frac{x_{i+1} - x}{x_{i+1} - x_i} + \varphi_{i+1} \frac{x - x_i}{x_{i+1} - x_i} \tag{8}$$

其中 $x_i \leqslant x \leqslant x_{i+1}$，$i=1, 2, 3$，$\varphi_i$ 待定的未知常数。当 $x=x_i$ 时，φ_i 代表 $\varphi(x_i)$ 的值。从边界条件式，我们得到 $\varphi_1=0$，$\varphi_4=1$。

用里兹方法，对泛函求极小值。将式(8)代入到式(6)中，得到

$$I = \sum_{i=1}^{3} \left[\frac{1}{2} \int_{x_i}^{x_{i+1}} \left(\frac{\varphi_{i+1} - \varphi_i}{x_{i+1} - x_i} \right)^2 \mathrm{d}x + \int_{x_i}^{x_{i+1}} (x+1) \left(\varphi_i \frac{x_{i+1} - x}{x_{i+1} - x_i} + \varphi_{i+1} \frac{x - x_i}{x_{i+1} - x_i} \right) \mathrm{d}x \right]$$

求积分后得到

$$I = \sum_{i=1}^{3} \left[\frac{1}{2}(x_{i+1} - x_i) \left[\left(\frac{\varphi_{i+1} - \varphi_i}{x_{i+1} - x_i} \right)^2 + \varphi_{i+1} \left(\frac{2}{3} x_{i+1} + \frac{1}{3} x_i + 1 \right) + \varphi_i \left(\frac{2}{3} x_i + \frac{1}{3} x_{i+1} + 1 \right) \right] \right]$$

将 x_i，φ_1，φ_4 的值代入到上式中后，得

$$I = 3\varphi_2^2 + 3\varphi_3^2 - 3\varphi_2\varphi_3 + \frac{4}{9}\varphi_2 - \frac{22}{9}\varphi_3 + \frac{49}{27}$$

为了求 I 的极小值，取 I 对 φ_2 和 φ_3 的偏导数，并令它们分别为零，得

$$\frac{\partial I}{\partial \varphi_2} = 6\varphi_2 - 3\varphi_3 + \frac{4}{9} = 0$$

$$\frac{\partial I}{\partial \varphi_3} = -3\varphi_2 + 6\varphi_3 - \frac{22}{9} = 0$$

从上面两式中解得

$$\varphi_2 = \frac{14}{81}, \quad \varphi_3 = \frac{40}{81}$$

一旦得到 x_i 处的解，其他点的解可从式(6)的线性插值求得（结果见图 5-7）。从图中可以看出：尽管在 x_i 处得到了精确解，但在其他点存在着小偏差。当子域数增加时，这种偏差会变得更小。

在上面的例子中，用全域基函数求解问题比用子域基函数求解容易得多，为什么我们还要介绍这种有限元方法呢？此问题的答案有两部分：

(1) 在上面的例子中，我们处理的是一维问题，对几乎所有的一维问题，确实总可以找到所需的试探函数。然而，当处理二维或三维问题时，在全域上寻找所需的试探函数

是非常困难的，对不规则边界问题尤其如此。

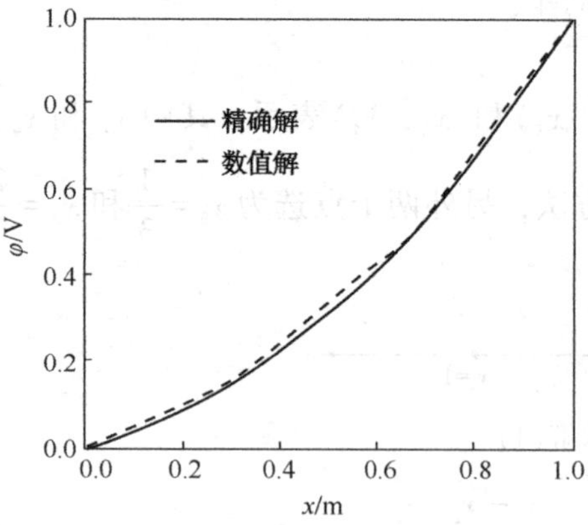

图 5-7　子域展开法求解(2)

（2）在上面的例子中，我们用一支笔、一张纸靠手算来求解，对非常简单的问题才可如此，对实际感兴趣的复杂问题，必须应用计算机，即必须用计算机语言写出描述求解过程的程序，并在计算机上运行程序来求出问题的解。正如以后将要看到的那样，有限元方法非常适合于编程计算。用这种方法，可以写出能处理任意边界和许多不同问题的通用程序。

从上述讨论可以看出，正是应用了子域基函数的思想才使得处理复杂边值问题成为可能；正是由于计算机技术的出现才使得这种方法成为可能。正是这种原因，有限元方法通常是在绝大多数物理和工程问题方面(包括结构分析、流体力学、振动、热传递和电磁学)应用最广泛的一种计算机辅助分析方法。

五、有限元方法的基本步骤

在简要介绍有限元方法后，我们现在用比较抽象的形式定义这种方法，然后描述该方法的基本步骤。正如本章开始时所述，有限元方法是求边值问题的数值过程。正如在例5-7中已见到的那样，该方法的原理是用许多子域来代表整个连续区域。在子域中，未知函数用带有未知系数的简单插值函数来表示。因此，无限个自由度的原边值问题被转化成了有限个自由度的问题，或者换句话说，整个系统的解用有限数目的未知系数近似。然后，用里兹变分法得到一组代数方程(即方程组)。最后，通过求解方程组得到边值问题的解。所以，边值问题的有限元分析应包括下列基本步骤：

（1）区域的离散或子域划分；

（2）插值函数的选择；

（3）方程组的建立；

（4）方程组的求解。

下面我们较详细地讨论每一步骤。

1. 区域离散

假设区域为 V。在任何有限元分析中，区域离散是第一步，也许是最重要的一步，因为区域离散的方式将影响计算机内存需求、计算时间和数值结果的精确度。在这一步骤中，全域 V 被分成许多小区域，用 V^e($e=1$, 2, 3, …, M)表示，这里 M 表示子域总数。这些子域通常被称为单元。对于实际上是直线或曲线的一维区域，单元通常是短直线段，它们连接起来组成原来的线域[见图 5-8(a)]。对于二维区域，单元通常是小三角形或矩形[见图 5-8(b)]。当然，矩形单元最适合离散矩形区域，而三角形单元可用来离散不规则区域。在三维求解中，区域可划分成四面体、三棱柱或矩形块[见图 5-8(c)]，其中四面体是最简单、最适合离散任意体积区域的单元。线性单元、三角形单元及四面体单元是用直线段和平面块建立曲线或面模型的基本一维、二维和三维单元。

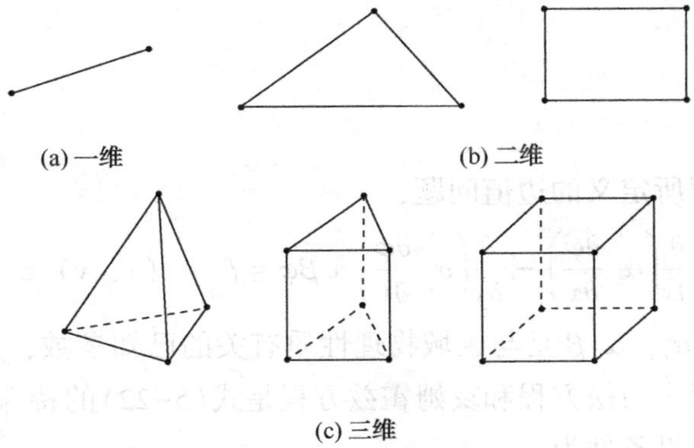

图 5-8 基本有限元单元

大多数有限元解中，问题是用与单元有关的结点上的未知函数 φ 表达的。例如，线性线元有两个结点，每端点一个；线性三角形单元有三个结点，各顶点上一个；而线性四面体单元有四个结点，各角点上一个。一个结点的完整描述就包括它的坐标值、局部编码和全局编码。结点的局部编码表示它在单元中的位置，而全局编码表示它在整个系统中的位置。标明坐标值是一项直截了当的工作，而结点和单元的编码需要一定的策略。有限元公式通常得到带状矩阵，其带宽由一个单元中两个结点的全局编码之差的最大值决定。因此，如果用带状矩阵求解方法来解最终的矩阵方程，那么，通过适当的结点编码使带宽最小，就可大大减少计算机的存储量和运算时间。然而，当带宽不必最小时，编码方案可以任取，通常将选择使编程简单的方法。

2. 插值函数的选择

有限元分析的第二步是选择能近似表达一个单元中未知解的插值函数。通常，插值函数可选择为一阶(线性)、二阶(二次)或高阶多项式。尽管高阶多项式的精度较高，但通常得到的公式比较复杂。因此，简单且基本的线性插值仍被广泛采用。一旦选定了多项式的阶数，我们就能导出一个单元中未知解的表达式。

3. 方程组公式的建立

首先，利用里兹变分公式导出单元方程式。其次，将单元方程对所有单元求和，得到方程组，这个过程叫作组合。最后，应用边界条件来得到方程组的最终形式。在用计算机实现此计算的过程中，这三个子步骤通常不是分开的，相反，它们相互交织在一起。单元矩阵的生成和边界条件的强加通常发生在组合过程中。

4. 方程组的求解

第二节 二维有限元分析

通常，在二维问题中，绝大多数物理问题的数学模型很复杂，因而较难得到解析解或封闭解。目前，二维问题的有限元方法已相当成熟，它在许多科学和工程方面(包括电磁学方面)起着显著的作用。

一、边值问题

考虑二阶微分方程所定义的边值问题，

$$-\frac{\partial}{\partial x}\left(\alpha_x \frac{\partial \varphi}{\partial x}\right)-\frac{\partial}{\partial y}\left(\alpha_y \frac{\partial \varphi}{\partial y}\right)+\beta\varphi=f \qquad (x,\ y)\in D \tag{5-22}$$

式中，φ 是未知函数，α_x，α_y,β 是与区域物理性质有关的已知参数，f 是源或激励函数。常用的二维拉普拉斯方程、泊松方程和亥姆霍兹方程是式(5-22)的特殊形式。

这里，所考虑的边界条件为：

$$\varphi=p \qquad \text{在 } s_1 \text{ 上} \tag{5-23}$$

以及

$$\left(\alpha_x \frac{\partial \varphi}{\partial x}\vec{e}_x+\alpha_y \frac{\partial \varphi}{\partial y}\vec{e}_y\right)\cdot\vec{n}+\gamma\varphi=q \qquad \text{在 } s_2 \text{ 上} \tag{5-24}$$

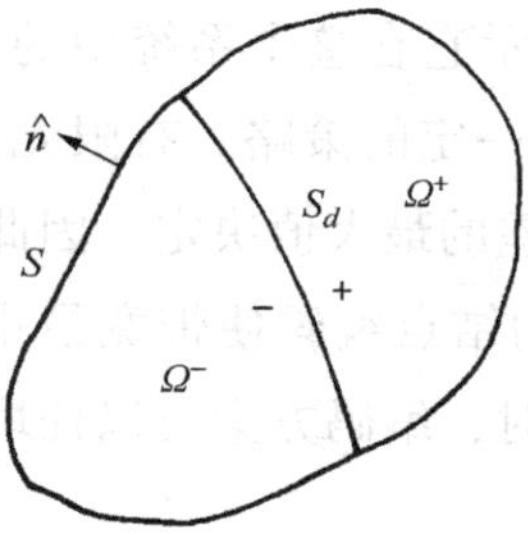

图 5-9　具有不连续界面 S_d 的区域

式中，$s(=s_1+s_2)$表示包围面 D 的轮廓或边界，$\vec{n}$ 是外法向单位矢量，γ，p，q 是与边界物理性质有关的已知参数。特别地，p 和 q 能被看作边界源或边界激励。显然，诺曼边界条件是式(5-24)在 $\gamma=0$ 时的特例。

假如 α_x 和 α_y 表征的区域性质具有不连续性或突变，并且在不连续界面上没有任何类型的面源(图 5-9)，则 φ 满足连续性条件

$$\varphi_+=\varphi_- \qquad \text{在 } S_d \text{ 上} \tag{5-25}$$

$$\left(\alpha_x^+ \frac{\partial \varphi_+}{\partial x}\vec{e}_x+\alpha_y^+ \frac{\partial \varphi_+}{\partial y}\vec{e}_y\right)\cdot\vec{n}=\left(\alpha_x^- \frac{\partial \varphi_-}{\partial x}\vec{e}_x+\alpha_y^- \frac{\partial \varphi_-}{\partial y}\vec{e}_y\right)\cdot\vec{n} \qquad \text{在 } S_d \text{ 上} \tag{5-26}$$

式中，S_d 表示不连续界面，上标“+”(或“-”)表示相应的量位于 S_d“+”(或“-”)侧，$\vec{n}$ 表示 S_d 的单位法向。

二、变分公式

等价于上述边值问题的变分问题可表示为

$$\begin{cases}\delta F(\varphi)=0\\ \varphi=p \qquad \text{在 } S_d \text{ 上}\end{cases} \tag{5-27}$$

式中，

$$F(\varphi)=\frac{1}{2}\iint_D\left\{\alpha_x\left(\frac{\partial \varphi}{\partial x}\right)^2+\alpha_y\left(\frac{\partial \varphi}{\partial y}\right)^2+\beta\varphi^2\right\}\mathrm{d}D+\frac{1}{2}\int_{S_2}\left(\frac{\gamma}{2}\varphi^2-q\varphi\right)\mathrm{d}s-\iint_D f\varphi\mathrm{d}D \tag{5-28}$$

注意：若存在不连续界面，则必须用连续性条件式(5-25)来补充式(5-27)。但是，这

种连续性条件在有限元展开中总是事先得到满足，因此，在式(5-27)中通常忽略式(5-25)。

上述变分原理的证明非常类似于一维情形。首先，取$F(\varphi)$对φ的第一变分，得到

$$\delta F(\varphi)=\frac{1}{2}\iint_D\left\{\alpha_x\left(\frac{\partial\varphi}{\partial x}\right)\left(\frac{\partial\delta\varphi}{\partial x}\right)+\alpha_y\left(\frac{\partial\varphi}{\partial y}\right)\left(\frac{\partial\delta\varphi}{\partial y}\right)+\beta\varphi\delta\varphi\right\}\mathrm{d}D+\int_{s2}(\gamma\varphi-q)\delta\varphi\mathrm{d}s-\iint_D f\delta\varphi\mathrm{d}D \tag{5-29}$$

然后，引用恒等式

$$\alpha_x\left(\frac{\partial\varphi}{\partial x}\right)\left(\frac{\partial\delta\varphi}{\partial x}\right)=\frac{\partial}{\partial x}\left(\alpha_x\frac{\partial\varphi}{\partial x}\delta\varphi\right)-\left[\frac{\partial}{\partial x}\left(\alpha_x\frac{\partial\varphi}{\partial x}\right)\right]\delta\varphi \tag{5-30}$$

$$\alpha_y\left(\frac{\partial\varphi}{\partial y}\right)\left(\frac{\partial\delta\varphi}{\partial y}\right)=\frac{\partial}{\partial y}\left(\alpha_y\frac{\partial\varphi}{\partial y}\delta\varphi\right)-\left[\frac{\partial}{\partial y}\left(\alpha_y\frac{\partial\varphi}{\partial y}\right)\right]\delta\varphi \tag{5-31}$$

以及散度定理(假设α_x和α_y在整个区域上连续)

$$\iint_D\left(\frac{\partial U}{\partial x}+\frac{\partial V}{\partial y}\right)\mathrm{d}D=\oint_s(U\vec{e}_x+V\vec{e}_y)\cdot\vec{n}\mathrm{d}s \tag{5-32}$$

则式(5-29)可写成

$$\begin{aligned}\delta F(\varphi)=&\iint_D\left[-\frac{\partial}{\partial x}\left(\alpha_x\frac{\partial\varphi}{\partial x}\right)-\frac{\partial}{\partial y}\left(\alpha_y\frac{\partial\varphi}{\partial y}\right)+\beta\varphi-f\right]\delta\mathrm{d}D+\\&+\oint_s\left[\left(\alpha_x\frac{\partial\varphi}{\partial x}\vec{e}_x+\alpha_y\frac{\partial\varphi}{\partial y}\vec{e}_y\right)\cdot\vec{n}\right]\delta\varphi\mathrm{d}s+\int_{s2}(\gamma\varphi-q)\delta\varphi\mathrm{d}s\end{aligned} \tag{5-33}$$

因为φ在S_1上的值固定，$\delta\varphi$沿S_1为零，所以，在S_1的相应积分为零。因此，式(5-33)可写成

$$\begin{aligned}\delta F(\varphi)=&\iint_D\left[-\frac{\partial}{\partial x}\left(\alpha_x\frac{\partial\varphi}{\partial x}\right)-\frac{\partial}{\partial y}\left(\alpha_y\frac{\partial\varphi}{\partial y}\right)+\beta\varphi-f\right]\delta\mathrm{d}D+\\&+\int_{s2}\left[\left(\alpha_x\frac{\partial\varphi}{\partial x}\vec{e}_x+\alpha_y\frac{\partial\varphi}{\partial y}\vec{e}_y\right)\cdot\vec{n}+\gamma\varphi-q\right]\delta\varphi\mathrm{d}s\end{aligned} \tag{5-34}$$

最后，强加驻点条件得到

$$\begin{aligned}&\iint_D\left[-\frac{\partial}{\partial x}\left(\alpha_x\frac{\partial\varphi}{\partial x}\right)-\frac{\partial}{\partial y}\left(\alpha_y\frac{\partial\varphi}{\partial y}\right)+\beta\varphi-f\right]\delta\mathrm{d}D+\\&+\int_{s2}\left[\left(\alpha_x\frac{\partial\varphi}{\partial x}\vec{e}_x+\alpha_y\frac{\partial\varphi}{\partial y}\vec{e}_y\right)\cdot\vec{n}+\gamma\varphi-q\right]\delta\varphi\mathrm{d}s=0\end{aligned} \tag{5-35}$$

为了使式(5-35)对所有容许的变分$\delta\varphi$均成立，则面积分和线积分必须分别为零。结果得到

$$-\frac{\partial}{\partial x}\left(\alpha_x\frac{\partial\varphi}{\partial x}\right)-\frac{\partial}{\partial y}\left(\alpha_y\frac{\partial\varphi}{\partial y}\right)+\beta\varphi-f=0 \tag{5-36}$$

$$\left(\alpha_x\frac{\partial\varphi}{\partial x}\vec{e}_x+\alpha_y\frac{\partial\varphi}{\partial y}\vec{e}_y\right)\cdot\vec{n}+\gamma\varphi-q=0 \qquad \text{在 } S_2 \text{ 上} \tag{5-37}$$

显然，它们分别是式(5-22)和式(5-24)。在这个问题中，式(5-23)是必要边界条件，它必须用显式方法强加上；而式(5-24)是自然边界条件，它能自动且隐含地满足。

在应用散度定理式(5-32)时，已假设 α_x 和 α_y 在整个区域上连续。但是，如果 α_x 和 α_y 存在不连续性或突变，我们首先可将整个区域分成数个子区域，使 α_x 和 α_y 在每个子区域中连续，然后再对每个子区域应用散度定理。更具体一些说，让我们考虑由界面 S_d 分开的二个子区域的情形。按照上面列出的步骤，我们得到式(5-35)，其左边具有下列两个附加积分：

$$\int_{S_d}\left(\alpha_x^+ \frac{\partial\varphi_+}{\partial x}\vec{e}_x + \alpha_y^+ \frac{\partial\varphi_-}{\partial y}\vec{e}_y\right)\cdot\vec{n}_+\,\delta\varphi_+\,\mathrm{d}D + \int_{S_d}\left(\alpha_x^- \frac{\partial\varphi_-}{\partial x}\vec{e}_x + \alpha_y^- \frac{\partial\varphi_-}{\partial y}\vec{e}_y\right)\cdot\vec{n}_-\,\delta\varphi_-\,\mathrm{d}D \tag{5-38}$$

式中，$\vec{n}_+$表示 S_d的法向单位矢量，其方向从“+”侧指向“—”侧；$\vec{n}_-$表示与$\vec{n}_+$反向的单位矢量。因为式(5-25)要求 φ 在 S_d两侧连续，$\delta\varphi_+=\delta\varphi_-$，因此，式(5-38)可写成

$$\int_{S_d}\left[\left(\alpha_x^+ \frac{\partial\varphi_+}{\partial x}\vec{e}_x + \alpha_y^+ \frac{\partial\varphi_+}{\partial y}\vec{e}_y\right)\cdot\vec{n}_+ + \int_{S_d}\left(\alpha_x^- \frac{\partial\varphi_-}{\partial x}\vec{e}_x + \alpha_y^- \frac{\partial\varphi_-}{\partial y}\vec{e}_y\right)\cdot\vec{n}_-\right]\delta\varphi\mathrm{d}D \tag{5-39}$$

因为 $\delta\varphi$ 是任意变分，所以，除了式(5-36)和式(5-37)以外，我们还可得到另一自然条件：

$$\left(\alpha_x^+ \frac{\partial\varphi_+}{\partial x}\vec{e}_x + \alpha_y^+ \frac{\partial\varphi_+}{\partial y}\vec{e}_y\right)\cdot\vec{n}_+ + \left(\alpha_x^- \frac{\partial\varphi_-}{\partial x}\vec{e}_x + \alpha_y^- \frac{\partial\varphi_-}{\partial y}\vec{e}_y\right)\cdot\vec{n}_- = 0 \tag{5-40}$$

上式在变分过程中自动满足，它也就是连续性条件式(5-26)，在这种情形下，式(5-25)是必须强加的必要条件。

我们最后指出，无论 α_x，α_y，β 和 γ 是实数还是复数，泛函式(5-28)均成立。如果这些参数只是实数，则可应用另一个泛函：

$$\begin{aligned} F(\varphi) = &\frac{1}{2}\iint_D\left\{\alpha_x \left| \frac{\partial\varphi}{\partial x}\right|^2 + \alpha_y \left|\frac{\partial\varphi}{\partial y}\right|^2 + \beta|\varphi|^2\right\}\mathrm{d}D \\ &+\frac{1}{2}\int_{s_2}\left(\frac{\gamma}{2}|\varphi|^2 - q^*\varphi\right)\mathrm{d}s - \iint_D(f^*\varphi + f\varphi^*)\mathrm{d}D \end{aligned} \tag{5-41}$$

显然，这个泛函是一实量。但是，为了通用起见，在下面的分析中，我们仍用式(5-28)给出的泛函作为公式推导的基础。

三、有限元分析

在本节中，我们再次按照有限元方法的基本步骤，列出式(5-22)～式(5-24)中定义的问题的求解公式。为简单起见，在此用线性三角形单元。

1. 区域离散

我们已经知道，有限元分析的第一步是将面区域 D 分成许多二维单元，例如三角形单元。离散的一个基本要求是单元之间既没有重叠又没有间隔。另外，单元应通过它们的顶点相连，或者换句话说，一个单元的顶点只能位于它相邻单元的顶点上，而不能位于其他单元的边上。除了这些基本要求外，较好的离散也应强调以下两点：第一，应避免窄形单元的产生，即有较小内角的单元产生。尽管这些单元是许可的，但是，可以证明有限元解

的误差反比于最小内角的正弦，所以，这些窄形单元能增大误差。因此，所有单元应接近等边三角形。第二，应该注意：单元愈小，数值解结果愈好。然而，较小的单元将导致较多的未知量，因而增加内存需求和计算时间，因此，对所期望的精度，应保持单元数最少。较好的做法是：在解变化较剧烈的区域应用较小的单元，而在解变化较平缓的区域应用较大的单元。

将求解区域 D 分成许多小的三角形，这些三角形的顶点称为结点，其编号从 1 到 N，设 φ 在这些结点上的电位值为 φ_1，φ_2，φ_3，…，φ_n，非节点上的电位值则根据该点所在的三角形顶点的电位值通过线性插值求出。只要三角形网格分得足够密，这样求出的电位值和它的真实值差别就很小。

在 D 中，任取一单元 e，其三个结点 1，2，3 如图 5-10 所示。三个结点的坐标分别为 $(x_1,\ y_1)$，$(x_2,\ y_2)$，$(x_3,\ y_3)$。为了识别每个单元，我们可以用一组整数给单元编码；同样，为了识别单元顶点处的结点，可以用另一组整数给结点编码。因为每个单元与多个结点有关(在这种情形下有三个结点)，所以，一个结点除了有它在整个系统中的位置外，它还有在相应单元中的位置，这种位置也可用整数编码，这种编码称为局部编码。而全局编码表示结点在整个系统中的位置。为了将这三种编码(全局结点编码、局部结点编码和单元编码)联系起来，我们引入三个整型数组，I(e)，J(e)，M(e)，其中 $e=1$，2，3，…，M。M 表示单元总数。显然，这种整型数组包含了与单元和结点编码有关的所有信息。为了更清楚地说明这个数组，让我们考虑图 5-11 所示的例子。

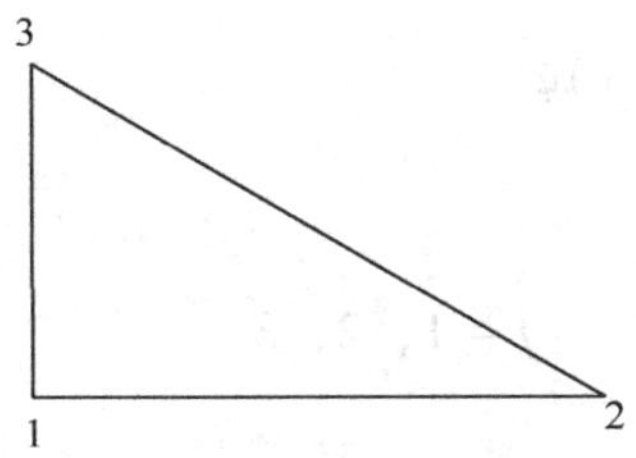

图 5-10　三角形单元

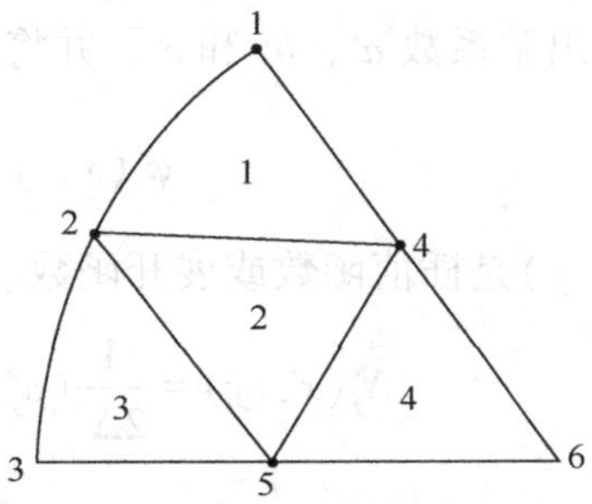

图 5-11

在这个例子中，总共有 4 个单元和 6 个结点。数组 I(e)，J(e)，M(e)可写成如下形式：

E	I	J	M
1	2	4	1
2	5	4	2
3	3	5	2
4	5	6	4

(*)

显然，这种编码不是唯一的，例如，我们也可将第一个单元的三个结点编成 4、1、2 或 1、2、4，只要它们按逆时针方向即可。除了上面定义的联系数组外，我们还引入一个类似的数组，将 S_2 上的线段与有关结点联系起来，以便于处理边界条件式(5-23)。另外，为了强加狄利克雷边界条件式(5-22)，我们需要一个能存储位于 S_1 上结点全局编码的向量。在以后引入这种数组和向量时将具体定义。

除了上面描述的数据以外，在有限元公式中还需要一些其他数据：

(1) x_i 和 $y_i(i=1, 2, 3, \cdots, N)$，它们给出结点的坐标，这里的 N 表示结点总数；

(2) 每个单元的 α_x，α_y，β 和 f 的值；

(3) S_1上结点对应的 p 值；

(4) S_2上每一线段的 γ 和 q 值。

2. 单元插值

一旦划分完区域，我们需要近似表示每一单元内的未知函数 φ，这是有限元分析的第二步骤。如果用线性三角形单元，那么，每一单元内的未知函数 φ 可近似为

$$\varphi^e(x, y) = a^e + b^e x + c^e y \tag{5-42}$$

式中，a^e，b^e 和 c^e 是待定的常系数，e 是单元编码。对线性三角形单元，在三角形的三个顶点上有三个结点。假设按逆时针方向用1、2和3给这三个结点编码，并用 φ_1^e，φ_2^e，φ_3^e 分别表示相应的 φ 值。在这三个结点上用式(5-42)，得到

$$\varphi_1^e = a^e + b^e x_1^e + c^e y_1^e$$

$$\varphi_2^e = a^e + b^e x_2^e + c^e y_2^e$$

$$\varphi_3^e = a^e + b^e x_3^e + c^e y_3^e$$

用 φ_j^e 解出常系数 a^e，b^e 和 c^e，并将它们代回到式(5-42)，得到

$$\varphi^e(x, y) = \sum_{j=1}^{3} N_j^e(x, y)\varphi_j^e \tag{5-43}$$

式中，$N_j^e(x, y)$是插值函数或展开函数。

$$N_j^e(x, y) = \frac{1}{2\Delta^e}(a_j^e + b_j^e x + c_j^e y) \qquad j = 1, 2, 3 \tag{5-44}$$

其中，

$$a_1^e = x_2^e y_3^e - y_2^e x_3^e \quad b_1^e = y_2^e - y_3^e \quad c_1^e = x_3^e - x_2^e$$

$$a_2^e = x_3^e y_1^e - y_3^e x_1^e \quad b_2^e = y_3^e - y_1^e \quad c_2^e = x_1^e - x_3^e$$

$$a_3^e = x_1^e y_2^e - y_1^e x_2^e \quad b_3^e = y_1^e - y_2^e \quad c_3^e = x_2^e - x_1^e$$

$$\Delta = \frac{1}{2}\begin{vmatrix} 1 & x_1^e & y_1^e \\ 1 & x_2^e & y_2^e \\ 1 & x_3^e & y_3^e \end{vmatrix} = \frac{1}{2}(b_1^e c_2^e - b_2^e c_1^e) = \text{第 } e \text{ 个单元的面积}$$

在上面的几个式子中，x_j^e 和 $y_j^e(j=1, 2, 3)$表示第 e 个单元中第 j 个结点的坐标。容易证明插值函数具有以下性质：

$$N_i^e(x_j^e,\ y_j^e) = \delta_{ij} = \begin{cases} 1 & i = j \\ 0 & i \neq j \end{cases} \tag{5-45}$$

结果，在结点 i 上，式(5-43)中的 φ^e 退化为其结点值 φ_i^e。$N_j^e(x,\ y)$ 的另一重要性质是：当观察点 $(x,\ y)$ 位于第 j 个结点的对边上时，$N_j^e(x,\ y)$ 为零。所以，一个单元边的 φ^e 值与其相对结点处的 φ 值无关，它是由该边两端点处的 φ 值确定。这一重要性质保证了单元两侧解的连续性。图 5-12 为三角形单元的插值函数 N_j^e。

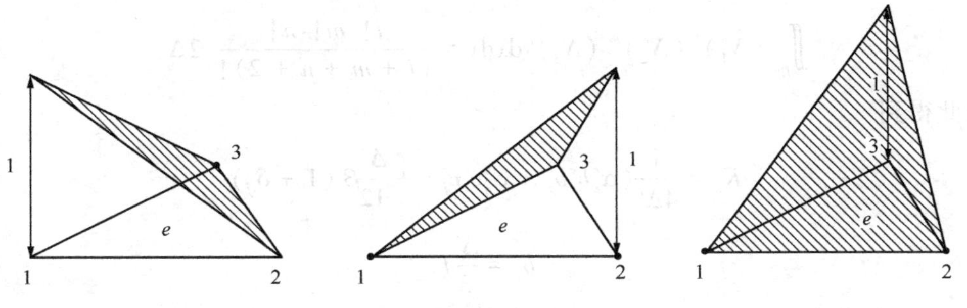

图 5-12　三角形单元的线性插值函数

3. 里兹方法的计算公式

有了式(5-43)中给出的 φ 的展开式后，我们能够用里兹方法列出方程组公式。

1) 单元方程推导

为简单起见，让我们首先考虑齐次诺曼边界条件，即式(5-24)在 $\gamma = q = 0$ 时的特例。在此条件下，式(5-28)给出泛函中的线积分为零。因此，泛函可写成

$$F(\varphi) = \sum_{e=1}^{M} F^e(\varphi^e) \tag{5-46}$$

式中，M 表示单元总数，F^e 是子泛函。

$$F^e(\varphi^e) = \frac{1}{2}\iint_{D^e}\left[\alpha_x\left(\frac{\partial\varphi^e}{\partial x}\right)^2 + \alpha_y\left(\frac{\partial\varphi^e}{\partial y}\right)^2 + \beta(\varphi^e)^2\right]\mathrm{d}D - \iint_{D^e} f\varphi^e \mathrm{d}D \tag{5-47}$$

式中，D^e 表示第 e 个单元的区域。引进式(5-43)的 φ^e 展开，并将 F^e 对 φ_i^e 求导，得到

$$\frac{\partial F^e}{\partial \varphi_i^e} = \sum_{j=1}^{3}\varphi_j^e \iint_{D^e}\left(\alpha_x\frac{\partial N_i^e}{\partial x}\frac{\partial N_j^e}{\partial x} + \alpha_y\frac{\partial N_i^e}{\partial y}\frac{\partial N_j^e}{\partial y} + \beta N_i^e N_j^e\right)\mathrm{d}D - \iint_{D^e} fN_i^e\mathrm{d}D \qquad i = 1,\ 2,\ 3 \tag{5-48}$$

即

$$\left\{\frac{\partial F^e}{\partial \varphi^e}\right\} = [K^e]\{\varphi^e\} - \{b^e\} \tag{5-49}$$

式中 $\left\{\frac{\partial F^e}{\partial \varphi^e}\right\} = \left[\frac{\partial F^e}{\partial \varphi_1^e},\ \frac{\partial F^e}{\partial \varphi_2^e},\ \frac{\partial F^e}{\partial \varphi_3^e}\right]^T$；$\{\varphi^e\} = [\varphi_1^e,\ \varphi_2^e,\ \varphi_3^e]^T$

矩阵 $[K^e]$ 的元素为

$$K_{ij}^e = \iint_{D^e} \left(\alpha_x \frac{\partial N_i^e}{\partial x} \frac{\partial N_j^e}{\partial x} + \alpha_y \frac{\partial N_i^e}{\partial y} \frac{\partial N_j^e}{\partial y} + \beta N_i^e N_j^e \right) \mathrm{d}x\mathrm{d}y \qquad i = 1,\ 2,\ 3 \tag{5-50}$$

向量$\{b^e\}$的元素为

$$b_i^e = \iint_{D^e} f N_i^e \mathrm{d}x\mathrm{d}y \qquad i = 1,\ 2,\ 3 \tag{5-51}$$

显然，$[K^e]$是一对称矩阵。现在假设系数α_x，α_y，β和源f在每个单元内为常数，且分别等于α_x^e，α_y^e，β^e和f^e，那么，可用解析方法求式(5-50)和式(5-51)。在这个过程中需要的基本公式为

$$\iint_{D^e} (N_1^e)^l (N_2^e)^m (N_3^e)^n \mathrm{d}x\mathrm{d}y = \frac{l!\ m!\ n!}{(l+m+n+2)!} 2\Delta^e \tag{5-52}$$

由此得到

$$K_{ij}^e = \frac{1}{4\Delta^e}(\alpha_x^e b_i^e b_j^e + \alpha_y^e c_i^e c_j^e) + \frac{\Delta^e}{12}\beta^e(1+\delta_{ij}) \tag{5-53}$$

$$b_i^e = \frac{\Delta^e}{3} f^e \tag{5-54}$$

另一方面，如果α_x，α_y，β和f在每一单元内不是常数，我们仍能够应用上面的结果，但α_x^e，α_y^e，β^e和f^e应为单元内相应参数的平均值。另一种方法是用数值方法求K_{ij}^e和b_i^e，但是，这种方法很少用到，因为通常单元较小，第一种方法已足够精确。

2)方程组的组合

有了单元方程式(5-49)，我们可将所有M个单元组合起来，然后再对F应用驻点条件，得到方程组：

$$\left\{\frac{\partial F}{\partial \varphi}\right\} = \sum_{e=1}^{M} \overline{\left\{\frac{\partial F^e}{\partial \varphi^e}\right\}} = \sum_{e=1}^{M} \left([\overline{K^e}]\{\overline{\varphi^e}\} - \{\overline{b^e}\} \right) = \{0\} \tag{5-55}$$

所有向量$\overline{\left\{\frac{\partial F^e}{\partial \varphi^e}\right\}}$，$\{\overline{\varphi^e}\}$和$\{\overline{b^e}\}$以及矩阵$[K^e]$都是增广的。方程组式(5-55)可以写成紧凑形式

$$[K]\{\varphi\} = \{b\} \tag{5-56}$$

式中，$[K]$是由$[\overline{K^e}]$组合而成，同样，$\{b\}$是由$\{\overline{b^e}\}$组合而成，即

$$[K] = \sum_{e=1}^{M} [\overline{K^e}] \qquad \{b\} = \sum_{e=1}^{M} \{\overline{b^e}\} \tag{5-57}$$

为了说明组合过程，让我们考虑图 5-11 中给出的六个结点的例子。为了组成矩阵$[K]$，我们从 6×6 的零矩阵开始，然后，将第一单元的扩展单元矩阵$[\overline{K^{(1)}}]$加到$[K]$上。这相当于将$[K^{(1)}]$的每个元素加到$[K]$的适当元素上。为此，我们首先考虑$K_{11}^{(1)}$。参考式(＊)给出的联系数组，我们发现$I(1)=2$，所以，我们将$K_{11}^{(1)}$加到K_{22}上。接着，考虑$K_{12}^{(1)}$。再参考式(＊)，发现$J(1)=4$，因此，我们将$K_{12}^{(1)}$加到K_{24}上。显然，这种过程的一般规则是将K_{ij}^e加到$K_{I(e),J(e)}$上。按照这种步骤，将$[K^{(1)}]$的九个矩阵元素加到$[K]$上

后，得到

$$[K]=\begin{pmatrix}K_{33}^{(1)} & K_{31}^{(1)} & 0 & K_{32}^{(1)} & 0 & 0\\ K_{13}^{(1)} & K_{11}^{(1)} & 0 & K_{12}^{(1)} & 0 & 0\\ 0 & 0 & 0 & 0 & 0 & 0\\ K_{23}^{(1)} & K_{21}^{(1)} & 0 & K_{22}^{(1)} & 0 & 0\\ 0 & 0 & 0 & 0 & 0 & 0\\ 0 & 0 & 0 & 0 & 0 & 0\end{pmatrix} \tag{5-58}$$

同样，$[\overline{K^{(2)}}]$加到$[K]$上，得到

$$[K]=\begin{pmatrix}K_{33}^{(1)} & K_{31}^{(1)} & 0 & K_{32}^{(1)} & 0 & 0\\ K_{13}^{(1)} & K_{11}^{(1)}+K_{33}^{(2)} & 0 & K_{12}^{(1)}+K_{32}^{(2)} & K_{31}^{(2)} & 0\\ 0 & 0 & 0 & 0 & 0 & 0\\ K_{23}^{(1)} & K_{21}^{(1)}+K_{23}^{(2)} & 0 & K_{22}^{(1)}+K_{22}^{(2)} & K_{21}^{(2)} & 0\\ 0 & K_{13}^{(2)} & 0 & K_{12}^{(2)} & K_{11}^{(2)} & 0\\ 0 & 0 & 0 & 0 & 0 & 0\end{pmatrix} \tag{5-59}$$

然后，将$[\overline{K^{(3)}}]$加到$[K]$上，得到

$$[K]=\begin{pmatrix}K_{33}^{(1)} & K_{31}^{(1)} & 0 & K_{32}^{(1)} & 0 & 0\\ K_{13}^{(1)} & K_{11}^{(1)}+K_{33}^{(2)}+K_{33}^{(3)} & K_{31}^{(3)} & K_{12}^{(1)}+K_{32}^{(2)} & K_{31}^{(2)}+K_{32}^{(3)} & 0\\ 0 & K_{13}^{(3)} & K_{11}^{(3)} & 0 & K_{12}^{(3)} & 0\\ K_{23}^{(1)} & K_{21}^{(1)}+K_{23}^{(2)} & 0 & K_{22}^{(1)}+K_{22}^{(2)} & K_{21}^{(2)} & 0\\ 0 & K_{13}^{(2)} & 0 & K_{12}^{(2)} & K_{11}^{(2)} & 0\\ 0 & 0 & 0 & 0 & 0 & 0\end{pmatrix} \tag{5-60}$$

最后，将$[\overline{K^{(4)}}]$加到$[K]$上后，得到

$$[K]=\begin{pmatrix}K_{33}^{(1)} & K_{31}^{(1)} & 0 & K_{32}^{(1)} & 0 & 0\\ K_{13}^{(1)} & K_{11}^{(1)}+K_{33}^{(2)}+K_{33}^{(3)} & K_{31}^{(3)} & K_{12}^{(1)}+K_{32}^{(2)} & K_{31}^{(2)}+K_{32}^{(3)} & 0\\ 0 & K_{13}^{(3)} & K_{11}^{(3)} & 0 & K_{12}^{(3)} & 0\\ K_{23}^{(1)} & K_{21}^{(1)}+K_{23}^{(2)} & 0 & K_{22}^{(1)}+K_{22}^{(2)}+K_{33}^{(4)} & K_{21}^{(2)}+K_{31}^{(4)} & K_{32}^{(4)}\\ 0 & K_{13}^{(2)}+K_{23}^{(3)} & K_{21}^{(3)} & K_{12}^{(2)}+K_{13}^{(4)} & K_{11}^{(2)}+K_{22}^{(3)}+K_{11}^{(4)} & K_{12}^{(4)}\\ 0 & 0 & 0 & K_{23}^{(4)} & K_{21}^{(4)} & K_{22}^{(4)}\end{pmatrix} \tag{5-61}$$

我们可以完成上述过程，并验证式(5-58)~式(5-61)。按照同样的步骤，将每个b_i^e加到$b_{I(e)}$上，我们能组合成$\{b\}$，最终结果为

$$\{b\}=\begin{Bmatrix} b_3^{(1)} \\ b_1^{(1)}+b_3^{(2)}+b_3^{(3)} \\ b_1^{(3)} \\ b_2^{(1)}+b_2^{(2)}+b_3^{(4)} \\ b_1^{(2)}+b_2^{(3)}+b_1^{(4)} \\ b_2^{(4)} \end{Bmatrix} \tag{5-62}$$

显然，对具有 M 个单元和 N 个结点的一般问题，也能够照此执行组合过程。

3)考虑第三类边界条件

上面的方程组是在 φ 位于 s_2 上满足齐次诺曼边界条件的假设下导出的。现在，我们考虑式(5-24)中非零 γ 和非零 q 的一般情形。在这种情形下，根据式(5-28)，我们必须给式(5-46)中的泛函增加一附加项：

$$F_b(\varphi)=\frac{1}{2}\int_{s_2}\left(\frac{\gamma}{2}\varphi^2-q\varphi\right)\mathrm{d}s \tag{5-63}$$

假设 s_2 由 M_s 个单元边或线段组成，则式(5-63)可写成

$$F_{\mathrm{b}}(\varphi)=\sum_{s=1}^{M_s}F_{\mathrm{b}}^s(\varphi^s) \tag{5-64}$$

式中，F_{b}^s 表示线段 s 上的积分。每一线段内的未知函数 φ 可近似为

$$\varphi^s=\sum_{j=1}^{2}N_j^s\varphi_j^s \tag{5-65}$$

式中

$$N_1^s=1-\xi \qquad N_2^s=\xi \tag{5-66}$$

其中，ξ 是沿线段结点 1 量到结点 2 的归一化距离。具体地说，在结点 1，$\xi=0$；在结点 2，$\xi=1$；在这两个结点之间，它按线性规律变化。将式(5-65)代入 F_{b}^s，并将它对 φ_i^s 求导，得到

$$\frac{\partial F_{\mathrm{b}}^s}{\partial\varphi_i^s}=\sum_{j=1}^{2}\varphi_j^s\int_0^1\gamma N_i^sN_j^sl^s\mathrm{d}\xi-\int_0^1 qN_i^sl^s\mathrm{d}\xi \tag{5-67}$$

式中，l^s 表示线段的长度。上式也可写成矩阵形式

$$\left\{\frac{\partial F_b^s}{\partial\varphi^s}\right\}=[K^s]\{\varphi^s\}-\{b^s\} \tag{5-68}$$

$[K^s]$和$\{b^s\}$中的元素为

$$K_{ij}^s=\int_0^1\gamma N_i^sN_j^sl^s\mathrm{d}\xi \qquad i,\ j=1,\ 2 \tag{5-69}$$

$$b_i^s=\int_0^1 qN_i^sl^s\mathrm{d}\xi \qquad i=1,\ 2 \tag{5-70}$$

如果 γ 和 q 在每一线段内是常数，并分别用 γ^s 和 q^s 表示，则可用解析法求出式(5-69)

和式(5-70)，结果为

$$K_{ij}^{s}=\gamma^{s}\frac{l^{s}}{6}(1+\delta_{ij}) \tag{5-71}$$

$$b_{i}^{s}=q^{s}\frac{l^{s}}{2} \tag{5-72}$$

为将 F_{b} 考虑进方程组，式(5-55)应修改为

$$\left\{\frac{\partial F}{\partial \varphi}\right\}=\sum_{e=1}^{M}\overline{\left\{\frac{\partial F^{e}}{\partial \varphi^{e}}\right\}}+\sum_{s=1}^{M_{s}}\overline{\left\{\frac{\partial F_{b}^{s}}{\partial \varphi^{e}}\right\}}=\sum_{e=1}^{M}([\overline{K^{e}}]\{\overline{\varphi^{e}}\}-\{\overline{b^{e}}\})+\sum_{s=1}^{M_{s}}([\overline{K^{s}}]\{\overline{\varphi^{s}}\}-\{\overline{b^{s}}\})=\{0\} \tag{5-73}$$

式中，$\overline{\left\{\frac{\partial F_{b}^{s}}{\partial \varphi^{s}}\right\}}$，$[\overline{K^{s}}]$，$\{\overline{\varphi^{s}}\}$和$\{\overline{b^{s}}\}$也是增广的。

为了扩展向量和矩阵，显然需要一个能将线段和有关结点的全局编码联系起来的数组。这种数组用 $ns(i, s)(i=1, 2; s=1, 2, 3, \cdots, M_{s})$表示，它与前面讨论的联系数组起类似的作用。具体地说，我们用 $ns(i, s)$ 存储第 s 线段上第 i 个结点的全局编码。考虑图 5-11，如果 s_{2} 由结点 6、4、1、2 和 3 所定义的边上的线段组成，则数组 $ns(i, s)$ 可表示成

S	$ns(1, s)$	$ns(2, s)$
1	6	4
2	4	1
3	1	2
4	2	3

有了这个数组后，将每个 K_{ij}^{s} 加到 $K_{ns(i,s),ns(j,s)}$ 上，即可将$[K^{s}]$组合进$[K]$；同样，将 b_{i}^{s} 加到 $b_{ns(i,s)}$ 上，即可将$\{b^{s}\}$组合进$\{b\}$。最终的方程组仍能写成式(5-56)的形式，在我们加上狄利克雷边界条件后，即可求解方程组得到未知的$\{\varphi\}$。

4)狄利克雷边界条件的强加

在求解方程组之前，我们需要强加狄利克雷边界条件式(5-23)。这种条件加在 s_{1} 的结点上。为了说明如何强加这个条件，让我们再次考虑图 5-11 给出的例子。假设结点 3、5 和 6 位于 s_{1} 上，并且它们分别有确定的值 p_{3}，p_{5} 和 p_{6}。为了加上条件 $\varphi_{3}=p_{3}$，我们可简单地令

$$K_{33}=1, \quad K_{3i}=0, \quad 当\ i=1, 2, 4, 5, 6, \quad b_{3}=p_{3}$$

但是，这破坏了矩阵$[K]$的对称性，为了恢复这种重要性质，我们可进一步作如下修正：

$$b_{i}=b_{i}-K_{i3}p_{3}, \quad K_{i3}=0, \quad 当\ i=1, 2, 4, 5, 6$$

类似地，我们能够加上条件 $\varphi_{5}=p_{5}$ 和 $\varphi_{6}=p_{6}$。最后矩阵$[K]$变成

$$
[K]=\begin{pmatrix} K_{11} & K_{12} & 0 & K_{14} & 0 & 0 \\ K_{21} & K_{22} & 0 & K_{21} & 0 & 0 \\ 0 & 0 & 1 & 0 & 0 & 0 \\ K_{41} & K_{42} & 0 & K_{44} & 0 & 0 \\ 0 & 0 & 0 & 0 & 1 & 0 \\ 0 & 0 & 0 & 0 & 0 & 1 \end{pmatrix}
$$

向量$\{b\}$变成

$$
\{b\}=\begin{Bmatrix} b_1-K_{13}p_3-K_{15}p_5-K_{16}p_6 \\ b_2-K_{23}p_3-K_{25}p_5-K_{26}p_6 \\ p_3 \\ b_4-K_{43}p_3-K_{45}p_5-K_{46}p_6 \\ p_5 \\ p_6 \end{Bmatrix}
$$

因此，我们获得了可求解的方程组的最终形式。如果从方程组中删去第 3、第 5 和第 6 个方程，方程组的解不变。删除后，方程组变成

$$
\begin{bmatrix} K_{11} & K_{12} & K_{14} \\ K_{21} & K_{22} & K_{24} \\ K_{41} & K_{42} & K_{44} \end{bmatrix}\begin{Bmatrix} \varphi_1 \\ \varphi_2 \\ \varphi_4 \end{Bmatrix}=\begin{Bmatrix} b_1-K_{13}p_3-K_{15}p_5-K_{16}p_6 \\ b_2-K_{23}p_3-K_{25}p_5-K_{26}p_6 \\ b_4-K_{43}p_3-K_{45}p_5-K_{46}p_6 \end{Bmatrix}
$$

结果，我们可通过求解小得多的方程组而得到解。当问题包含许多未知量时，这种性质尤其重要。

例 5-8 如图 5-13 所示，上金属板的电位为 100V，下金属板的电位为 50V，场区左、右两侧的边界条件为$\frac{\partial u}{\partial n}=0$，求该区域内部的电位分布。

解：该问题的边值问题为

$$
\begin{cases} \dfrac{\partial^2 u}{\partial x^2}+\dfrac{\partial^2 u}{\partial y^2}=0 & (1) \\ y=0,\ u=50 & (2) \\ y=2,\ u=100 & (3) \\ x=0,\ \dfrac{\partial u}{\partial x}=0 & (4) \\ x=2,\ \dfrac{\partial u}{\partial x}=0 & (5) \end{cases}
$$

取步长 $h=0.5$，网格划分如图 5-14 所示，具体划分数据见下表。

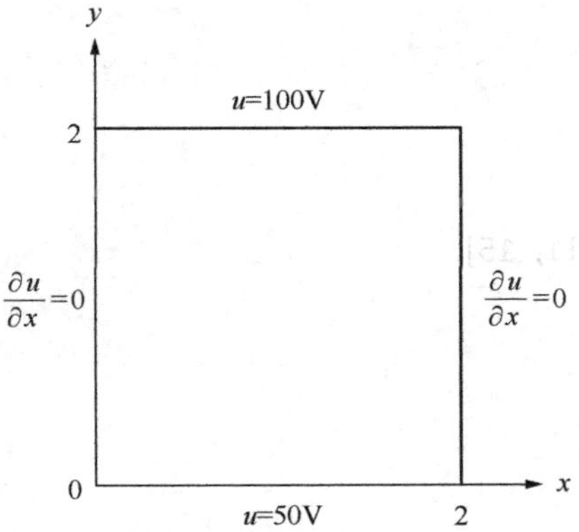

图 5-13　例 5-11 图(1)

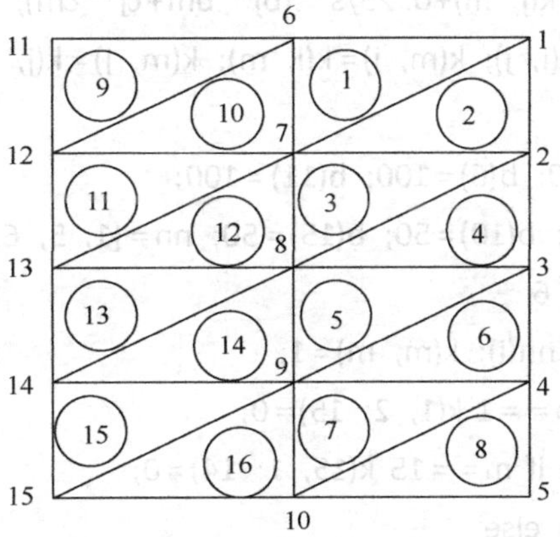

图 5-14　例 5-11 图(2)

	1	2	3	4	5	6	7	8	9	10	11	12	13	14	15
X	2.0	2.0	2.0	2.0	2.0	1.0	1.0	1.0	1.0	1.0	0.0	0.0	0.0	0.0	0.0
Y	2.0	1.5	1.0	0.5	0.0	2.0	1.5	1.0	0.5	0.0	2.0	1.5	1.0	0.5	0.0

	1	2	3	4	5	6	7	8	9	10	11	12	13	14	15	16
I	6	2	7	3	8	4	9	5	11	7	12	8	13	9	14	10
J	7	1	8	2	9	3	10	4	12	6	13	7	14	8	15	9
M	1	7	2	8	3	9	4	10	6	12	7	13	8	14	9	15

【参考程序】

```
x=[2, 2, 2, 2, 2, 1, 1, 1, 1, 1, 0, 0, 0, 0, 0]; y=[2, 1.5, 1, 0.5, 0, 2, 1.5, 1, 0.5, 0, 2,
1.5, 1, 0.5, 0]
n=15;
I=[6, 2, 7, 3, 8, 4, 9, 5, 11, 7, 12, 8, 13, 9, 14, 10]
J=[7, 1, 8, 2, 9, 3, 10, 4, 12, 6, 13, 7, 14, 8, 15, 9]
M=[1, 7, 2, 8, 3, 9, 4, 10, 6, 12, 7, 13, 8, 14, 9, 15]
k=zeros(15, 15); b=zeros(1, 15)
for  ii=1: 16
i=I(ii); j=J(ii); m=M(ii);
bi=y(j)- y(m); bj=y(m)- y(i); bm=y(i)- y(j);
ci=x(m)- x(j); cj=x(i)- x(m); cm=x(j)- x(i);
s=0.5* (bi* cj- bj* ci);
k(i, i)=k(i, i)+0.25/s* (bi* bi+ci* ci)
k(j, j)=k(j, j)+0.25/s* (bj* bj+cj* cj);
k(m, m)=k(m, m)+0.25/s* (bm* bm+cm* cm);
k(i, j)=k(i, j)+0.25/s* (bi* bj+ci* cj);
k(i, m)=k(i, m)+0.25/s* (bi* bm+ci* cm);
```

```
k(j, m)=k(j, m)+0.25/s* (bj* bm+cj* cm);
k(j, i)=k(i, j); k(m, i)=k(i, m); k(m, j)=k(j, m);
end
b(1)=100; b(6)=100; b(11)=100;
b(5)=50; b(10)=50; b(15)=50; nn=[1, 5, 6, 10, 11, 15];
for i=1: 6
    m=nn(i); k(m, m)=1;
    if m==1 k(1, 2: 15)=0;
    else if m==15 k(15, 1: 14)=0;
        else
    k(m, 1: m-1)=0; k(m, m+1: 15)=0;
    end
    end
end
for i=1: 6
    m=nn(i);
    for j=1: 15
        if j==m aa=1;
        else
            b(j)=b(j)-k(j, m)* b(m);
            k(j, m)=0;
        end
    end
end
b(1)=100; b(6)=100; b(11)=100; b(5)=50; b(10)=50; b(15)=50;
x=b/k
```

运算结果

```
x =100.0000    87.5000    75.0000    62.5000    50.0000    100.0000    87.5000    75.0000
   62.5000
   50.0000   100.0000    87.5000    75.0000    62.5000    50.0000
```

例 5-9 用有限元法求解边值问题。

$$
\begin{cases}
\nabla^2\varphi = -3xy \qquad (0 < x < 2,\ 0 < y < 2) \\
\varphi\,|_{x=0} = 1 \\
\left(\dfrac{\partial\varphi}{\partial x} + 3\varphi\right)|_{x=2} = 0 \\
\left(\dfrac{\partial\varphi}{\partial y} + 3\varphi\right)|_{y=0} = \left(\dfrac{\partial\varphi}{\partial y} + 3\varphi\right)|_{y=2} = 0
\end{cases}
$$

解：将区域 $D=\{(x, y) \mid 0<x<2, 0<y<2\}$ 划分成四个三角形单元 e_1，e_2，e_3，e_4，各单元、各线元、各结点的编号如图 5-15 所示。

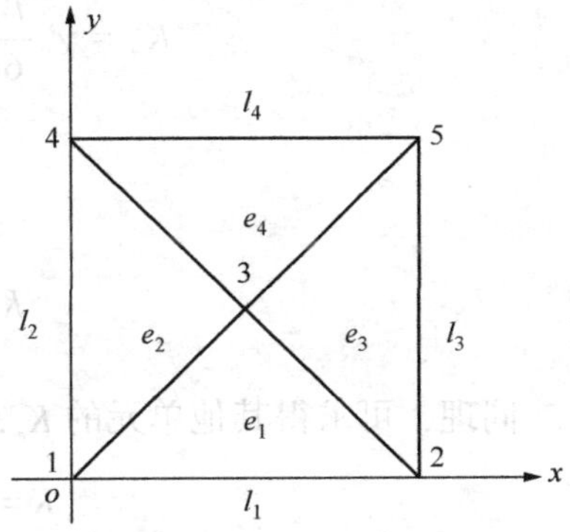

图 5-15　例 5-12 图

$$f=3xy, \gamma=3, q=0, \alpha=1, \beta=0$$

$$a_1^e = x_2^e y_3^e - y_2^e x_3^e \quad b_1^e = y_2^e - y_3^e \quad c_1^e = x_3^e - x_2^e$$

$$a_2^e = x_3^e y_1^e - y_3^e x_1^e \quad b_2^e = y_3^e - y_1^e \quad c_2^e = x_1^e - x_3^e$$

$$a_3^e = x_1^e y_2^e - y_1^e x_2^e \quad b_3^e = y_1^e - y_2^e \quad c_3^e = x_2^e - x_1^e$$

$$\Delta=\frac{1}{2}\begin{vmatrix} 1 & x_1^e & y_1^e \\ 1 & x_2^e & y_2^e \\ 1 & x_3^e & y_3^e \end{vmatrix}=\frac{1}{2}(b_1^e c_2^e-b_2^e c_1^e)=\text{第 } e \text{ 个单元的面积}$$

对单元 e_1，有

$$b_1^1 =- 1, \ c_1^1 =- 1$$

$$b_2^1 = 1, \ c_2^1 =- 1$$

$$b_3^1 = 0, \ c_3^1 = 2$$

$$\text{重心}\left(1, \frac{1}{3}\right), \ f^1 = 1, \ \Delta^1 = 1$$

$$K_{ij}^e = \frac{1}{4\Delta^e}(\alpha_x^e b_i^e b_j^e + \alpha_y^e c_i^e c_j^e) + \frac{\Delta^e}{12}\beta^e(1 + \delta_{ij}) = \frac{1}{4\Delta^1}(b_i^1 b_j^1 + c_i^1 c_j^1)$$

$$b_i^e = \frac{\Delta^e}{3}f^e = \frac{1}{3}$$

$$K_{e_1} = \frac{1}{4}\begin{pmatrix} 2 & 0 & -2 \\ 0 & 2 & -2 \\ -2 & -2 & 4 \end{pmatrix} = \begin{pmatrix} \frac{1}{2} & 0 & -\frac{1}{2} \\ 0 & \frac{1}{2} & -\frac{1}{2} \\ -\frac{1}{2} & -\frac{1}{2} & 1 \end{pmatrix}$$

$$P_{e_1} = \begin{pmatrix} \frac{1}{3} \\ \frac{1}{3} \\ \frac{1}{3} \end{pmatrix}$$

在线元 l 上第三类边界条件的贡献为

$$K_{ij}^s = \gamma^s \frac{l^s}{6}(1+\delta_{ij}) = 3 \cdot \frac{2}{6}(1+\delta_{ij}) = 1+\delta_{ij}$$

$$b_i^s = q^s \frac{l^s}{2} = 0$$

$$K_{l_1} = \begin{pmatrix} 2 & 1 \\ 1 & 2 \end{pmatrix} \qquad P_{l_1} = \begin{pmatrix} 0 \\ 0 \end{pmatrix}$$

同理，可求得其他单元的 K_e，P_e，K_l，P_l。于是

$$K = K_{e_1} + K_{e_2} + K_{e_3} + K_{e_4} + K_{l_1} + K_{l_3} + K_{l_4}$$

$$= \begin{pmatrix} \frac{1}{2} & 0 & -\frac{1}{2} & 0 & 0 \\ 0 & \frac{1}{2} & -\frac{1}{2} & 0 & 0 \\ -\frac{1}{2} & -\frac{1}{2} & 1 & 0 & 0 \\ 0 & 0 & 0 & 0 & 0 \\ 0 & 0 & 0 & 0 & 0 \end{pmatrix} + \begin{pmatrix} \frac{1}{2} & 0 & -\frac{1}{2} & 0 & 0 \\ 0 & 0 & 0 & 0 & 0 \\ -\frac{1}{2} & 0 & 1 & -\frac{1}{2} & 0 \\ 0 & 0 & -\frac{1}{2} & \frac{1}{2} & 0 \\ 0 & 0 & 0 & 0 & 0 \end{pmatrix} +$$

$$\begin{pmatrix} 0 & 0 & 0 & 0 & 0 \\ 0 & \frac{1}{2} & -\frac{1}{2} & 0 & 0 \\ 0 & -\frac{1}{2} & 1 & 0 & -\frac{1}{2} \\ 0 & 0 & 0 & 0 & 0 \\ 0 & 0 & -\frac{1}{2} & 0 & \frac{1}{2} \end{pmatrix} + \begin{pmatrix} 0 & 0 & 0 & 0 & 0 \\ 0 & 0 & 0 & 0 & 0 \\ 0 & 0 & 1 & -\frac{1}{2} & -\frac{1}{2} \\ 0 & 0 & -\frac{1}{2} & \frac{1}{2} & 0 \\ 0 & 0 & -\frac{1}{2} & 0 & \frac{1}{2} \end{pmatrix} +$$

$$\begin{pmatrix} 2 & 1 & 0 & 0 & 0 \\ 1 & 2 & 0 & 0 & 0 \\ 0 & 0 & 0 & 0 & 0 \\ 0 & 0 & 0 & 0 & 0 \\ 0 & 0 & 0 & 0 & 0 \end{pmatrix} + \begin{pmatrix} 0 & 0 & 0 & 0 & 0 \\ 0 & 2 & 0 & 0 & 1 \\ 0 & 0 & 0 & 0 & 0 \\ 0 & 0 & 0 & 0 & 0 \\ 0 & 1 & 0 & 0 & 2 \end{pmatrix} + \begin{pmatrix} 0 & 0 & 0 & 0 & 0 \\ 0 & 0 & 0 & 0 & 0 \\ 0 & 0 & 0 & 0 & 0 \\ 0 & 0 & 0 & 2 & 1 \\ 0 & 0 & 0 & 1 & 2 \end{pmatrix}$$

$$= \begin{pmatrix} 3 & 1 & -1 & 0 & 0 \\ 1 & 5 & -1 & 0 & 1 \\ -1 & -1 & 4 & -1 & -1 \\ 0 & 0 & -1 & 3 & 1 \\ 0 & 1 & -1 & 1 & 5 \end{pmatrix}$$

$$P = P_{e_1} + P_{e_2} + P_{e_3} + P_{e_4} + P_{l_1} + P_{l_3} + P_{l_4}$$

$$
=\begin{pmatrix}\frac{1}{3}\\ \frac{1}{3}\\ \frac{1}{3}\\ 0\\ 0\end{pmatrix}+\begin{pmatrix}\frac{1}{3}\\ 0\\ \frac{1}{3}\\ \frac{1}{3}\\ 0\end{pmatrix}+\begin{pmatrix}0\\ \frac{5}{3}\\ \frac{5}{3}\\ 0\\ \frac{5}{3}\end{pmatrix}+\begin{pmatrix}0\\ 0\\ \frac{5}{3}\\ \frac{5}{3}\\ \frac{5}{3}\end{pmatrix}+\begin{pmatrix}0\\ 0\\ 0\\ 0\\ 0\end{pmatrix}+\begin{pmatrix}0\\ 0\\ 0\\ 0\\ 0\end{pmatrix}+\begin{pmatrix}0\\ 0\\ 0\\ 0\\ 0\end{pmatrix}=\begin{pmatrix}\frac{2}{3}\\ 2\\ 4\\ 2\\ \frac{10}{3}\end{pmatrix}
$$

有限元方程的具体形式为

$$
\begin{pmatrix}3 & 1 & -1 & 0 & 0\\ 1 & 5 & -1 & 0 & 1\\ -1 & -1 & 4 & -1 & -1\\ 0 & 0 & -1 & 3 & 1\\ 0 & 1 & -1 & 1 & 5\end{pmatrix}\begin{pmatrix}\varphi_1\\ \varphi_2\\ \varphi_3\\ \varphi_4\\ \varphi_5\end{pmatrix}=\begin{pmatrix}\frac{2}{3}\\ 2\\ 4\\ 2\\ \frac{10}{3}\end{pmatrix}
$$

将边界条件代入得，

$$
\begin{pmatrix}5 & -1 & 1\\ -1 & 4 & -1\\ 1 & -1 & 5\end{pmatrix}\begin{pmatrix}\varphi_2\\ \varphi_3\\ \varphi_5\end{pmatrix}=\begin{pmatrix}1\\ 6\\ \frac{7}{3}\end{pmatrix}
$$

解此方程组，得到原边值问题在各结点处的近似解为

$$
\begin{pmatrix}\varphi_1\\ \varphi_2\\ \varphi_3\\ \varphi_4\\ \varphi_5\end{pmatrix}=\begin{pmatrix}1\\ 0.41\\ 1.79\\ 1\\ 0.75\end{pmatrix}
$$

【参考程序】

```
n=5; mm=4; l=3;
x=[0, 2, 1, 0, 2]; y=[0, 0, 1, 2, 2];
ia=[1, 2, 5, 4]; ib=[2, 5, 4, 1]; ic=[3, 3, 3, 3];
n1=[1, 2, 5]; n2=[2, 5, 4]; d=[2, 2, 2];
q=0.; r=3.;
k=zeros(n, n); b=zeros(1, n);
for kk=1: mm
i=ia(kk); j=ib(kk); m=ic(kk);
bi=y(j)-y(m); bj=y(m)-y(i); bm=y(i)-y(j);
```

```
ci=x(m)-x(j); cj=x(i)-x(m);
cm=x(j)-x(i); s=0.5*(bi*cj-bj*ci);
x0=(x(i)+x(j)+x(m))/3.; y0=(y(i)+y(j)+y(m))/3.;
f=3*x0*y0;
b(i)=b(i)+s/3.*f; b(j)=b(j)+s/3.*f; b(m)=b(m)+s/3.*f;
k(i,i)=k(i,i)+0.25/s*(bi*bi+ci*ci);
k(j,j)=k(j,j)+0.25/s*(bj*bj+cj*cj);
k(m,m)=k(m,m)+0.25/s*(bm*bm+cm*cm);
k(i,j)=k(i,j)+0.25/s*(bi*bj+ci*cj);
k(i,m)=k(i,m)+0.25/s*(bi*bm+ci*cm);
k(j,m)=k(j,m)+0.25/s*(bj*bm+cj*cm);
k(j,i)=k(i,j); k(m,i)=k(i,m); k(m,j)=k(j,m);
end
for kk=1:l
i=n1(kk); j=n2(kk);
b(i)=b(i)+q*d(kk)/2.; b(j)=b(j)+q*d(kk)/2.;
k(i,i)=k(i,i)+2;
k(j,j)=k(j,j)+2;
k(i,j)=k(i,j)+1;
k(j,i)=k(i,j);
end
b(1)=1; b(4)=1;
k(1,1)=1; k(1,2:n)=0;
for j=2:n
    if j==4 aa=1;
    else
        b(j)=b(j)-k(j,1)*b(1);
        k(j,1)=0;
    end
end
k(4,4)=1; k(4,1:3)=0; k(4,5)=0;
for j=2:n
    if j==4 aa=1;
    else
        b(j)=b(j)-k(j,4)*b(4); k(j,4)=0;
    end
end
```

x = b/k

运算结果

x =1.0000　0.4091　1.7879　1.0000　0.7424

例 5-10 用有限元法求解下列椭圆边值问题。

$$\begin{cases} -\left(\dfrac{\partial^2 u}{\partial x^2}+\dfrac{\partial^2 u}{\partial y^2}\right)+162xyu=1800\sin(x^2+y^2) & (x,\ y\in D) \\ \left(\dfrac{\partial u}{\partial x}10u\right)_L=0 & (x,\ y\in L) \end{cases}$$

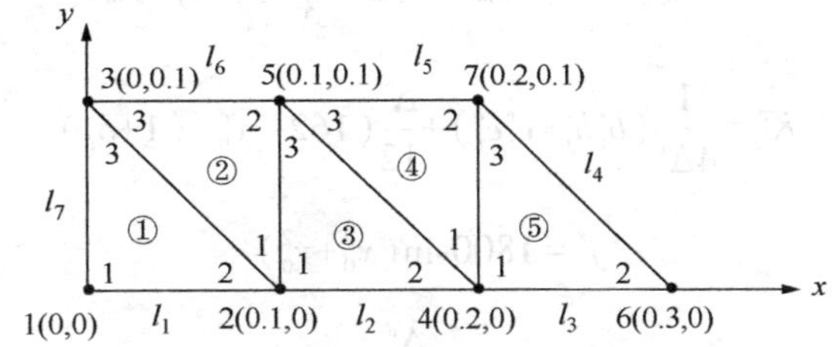

图 5-16 例 5-10 图

解：将求解区域划分划分成五个三角形单元 e_1，e_2，e_3，e_4，e_5，各单元、各线元、各结点的编号如图 5-16 所示。

由已知条件可得：

$$f=1800\sin(x^2+y^2),\ \gamma=10,\ q=0$$

$$\alpha=1,\ \beta=162xy$$

各结点坐标，每个三角形各结点的编号和各边上的编号如下表。

	1	2	3	4	5	6	7
x	0	0.1	0	0.2	0.1	0.3	0.2
y	0	0	0.1	0	0.1	0	0.1

	i	j	m
1	1	2	3
2	2	5	3
3	2	4	5
4	4	7	5
5	4	6	7

	1	2	3	4	5	6	7
i	1	2	4	6	7	5	3
j	2	4	6	7	5	3	1

$$b_1^e=y_2^e-y_3^e \quad c_1^e=x_3^e-x_2^e$$

$$b_2^e=y_3^e-y_1^e \quad c_2^e=x_1^e-x_3^e$$

$$b_3^e=y_1^e-y_2^e \quad c_3^e=x_2^e-x_1^e$$

$$\Delta=\frac{1}{2}\begin{vmatrix}1 & x_1^e & y_1^e\\ 1 & x_2^e & y_2^e\\ 1 & x_3^e & y_3^e\end{vmatrix}=\frac{1}{2}(b_1^ec_2^e-b_2^ec_1^e)=\text{第 } e \text{ 个单元的面积}$$

$$x_0^e=\frac{1}{3}(x_i^e+x_j^e+x_m^e),\ y_0^e=\frac{1}{3}(y_i^e+y_j^e+y_m^e)$$

$$K_{ij}^e=\frac{1}{4\Delta^e}(b_i^eb_j^e+c_i^ec_j^e)+\frac{\Delta^e}{12}(162x_0^ey_0^e)(1+\delta_{ij})$$

$$f^e=1800\sin(x_0^2+y_0^2)$$

$$b_i^e=\frac{\Delta^e}{3}f^e$$

$$K_e=\begin{pmatrix}1.0002 & -0.4999 & -0.4999 & 0 & 0 & 0 & 0\\ -0.4999 & 2.0014 & 0.0004 & -0.4997 & -0.4994 & 0 & 0\\ -0.4999 & 0.0004 & 1.0008 & 0 & -0.4997 & 0 & 0\\ 0 & -0.4997 & 0 & 2.0032 & 0.0011 & -0.4995 & 0.9987\\ 0 & -0.9994 & -0.4997 & 0.0011 & 2.0027 & 0 & -0.4993\\ 0 & 0 & 0 & -0.4995 & 0 & 0.5011 & -0.0005\\ 0 & 0 & 0 & -0.9987 & -0.4993 & 0.0005 & 1.5025\end{pmatrix} \quad P_{e_1}=\begin{pmatrix}0.0067\\ 0.0900\\ 0.0333\\ 0.3199\\ 0.1800\\ 0.1666\\ 0.2632\end{pmatrix}$$

在线元 l 上第三类边界条件的贡献为

$$K_{ij}^s=\gamma^s\frac{l^s}{6}(1+\delta_{ij})=10\cdot\frac{l^s}{6}(1+\delta_{ij})$$

$$b_i^s=q^s\frac{l^s}{2}=0$$

$$K=K_e+K_l$$

$$=\begin{pmatrix}1.6668 & -0.3333 & -0.3333 & 0 & 0 & 0 & 0\\ -0.3333 & 2.6680 & 0.0004 & -0.3330 & -0.9994 & 0 & 0\\ -0.3333 & 0.0004 & 1.6674 & 0 & -0.3330 & 0 & 0\\ 0 & -0.3330 & 0 & 2.6698 & 0.0011 & -0.3328 & -0.9987\\ 0 & -0.9994 & -0.3330 & 0.0011 & 2.6694 & 0 & -0.3326\\ 0 & 0 & 0 & -0.3328 & 0 & 1.3057 & 0.2362\\ 0 & 0 & 0 & -0.9987 & -0.3326 & 0.2362 & 2.3072\end{pmatrix}$$

$$P=P_e+P_l$$

$$
= \begin{pmatrix} 0.0067 \\ 0.0900 \\ 0.0333 \\ 0.3199 \\ 0.1800 \\ 0.1666 \\ 0.2632 \end{pmatrix}
$$

有限元方程的具体形式为

$$
\begin{pmatrix}
1.6668 & -0.3333 & -0.3333 & 0 & 0 & 0 & 0 \\
-0.3333 & 2.6680 & 0.0004 & -0.3330 & -0.9994 & 0 & 0 \\
-0.3333 & 0.0004 & 1.6674 & 0 & -0.3330 & 0 & 0 \\
0 & -0.3330 & 0 & 2.6698 & 0.0011 & -0.3328 & -0.9987 \\
0 & -0.9994 & -0.3330 & 0.0011 & 2.6694 & 0 & -0.3326 \\
0 & 0 & 0 & -0.3328 & 0 & 1.3057 & 0.2362 \\
0 & 0 & 0 & -0.9987 & -0.3326 & 0.2362 & 2.3072
\end{pmatrix}
\begin{pmatrix} u_1 \\ u_2 \\ u_3 \\ u_4 \\ u_5 \\ u_6 \\ u_7 \end{pmatrix}
= \begin{pmatrix} 0.0067 \\ 0.0900 \\ 0.0333 \\ 0.3199 \\ 0.1800 \\ 0.1666 \\ 0.2632 \end{pmatrix}
$$

解此方程组，得到原边值问题在各结点处的近似解为

$$
\begin{pmatrix} u_1 \\ u_2 \\ u_3 \\ u_4 \\ u_5 \\ u_6 \\ u_7 \end{pmatrix}
= \begin{pmatrix} 0.0519 \\ 0.1286 \\ 0.1111 \\ 0.2361 \\ 0.1573 \\ 0.1468 \\ 0.2237 \end{pmatrix}
$$

【参考程序】

```
n=7; mm=5; l=7;
x=[0., 0.1, 0., 0.2, 0.1, 0.3, 0.2]; y=[0., 0., 0.1, 0., 0.1, 0., 0.1];
ia=[1, 2, 2, 4, 4]; ib=[2, 5, 4, 7, 6]; ic=[3, 3, 5, 5, 7];
n1=[1, 2, 4, 6, 7, 5, 3]; n2=[2, 4, 6, 7, 5, 3, 1]; d=[.1, .1, .1, .1, .1, .1, .1];
q=0.; r=10.; k=zeros(n, n); b=zeros(1, n);
for kk=1: mm
i=ia(kk); j=ib(kk); m=ic(kk);
bi=y(j)-y(m); bj=y(m)-y(i); bm=y(i)-y(j);
ci=x(m)-x(j); cj=x(i)-x(m); cm=x(j)-x(i);
s=0.5* (bi* cj-bj* ci); x0=(x(i)+x(j)+x(m))/3.;
y0=(y(i)+y(j)+y(m))/3.; f=1800.* sin(x0* x0+y0* y0);
```

```
b(i)=b(i)+s/3. * f; b(j)=b(j)+s/3. * f; b(m)=b(m)+s/3. * f;
t=162. * x0* y0;
k(i, i)=k(i, i)+0. 25/s* (bi* bi+ci* ci)+s/12. * t* 2. ;
k(j, j)=k(j, j)+0. 25/s* (bj* bj+cj* cj)+s/12. * t* 2. ;
k(m, m)=k(m, m)+0. 25/s* (bm* bm+cm* cm)+s/12* t* 2;
k(i, j)=k(i, j)+0. 25/s* (bi* bj+ci* cj)+s/12. * t;
k(i, m)=k(i, m)+0. 25/s* (bi* bm+ci* cm)+s/12. * t;
k(j, m)=k(j, m)+0. 25/s* (bj* bm+cj* cm)+s/12. * t;
k(j, i)=k(i, j); k(m, i)=k(i, m); k(m, j)=k(j, m);
end
for  kk=1: l
i=n1(kk); j=n2(kk);
b(i)=b(i)+q* d(kk)/2. ; b(j)=b(j)+q* d(kk)/2. ;
k(i, i)=k(i, i)+r/6. * d(kk)* 2. ;
k(j, j)=k(j, j)+r/6. * d(kk)* 2. ;
k(i, j)=k(i, j)+r/6. * d(kk);
k(j, i)=k(i, j);
end
xx=b/k
```

运算结果

```
xx =0. 0412   0. 1274   0. 0588   0. 2500   0. 1530   0. 1787   0. 2461
```

第三节　有限元素的自动剖分

有限元方法把连续场域分为有限个单元，对这些单元或元素要按一定的规则给出局部顺序编号和整体编号，并且对各单元三个节点也要按规定顺序给出局部编号与总体编号，这些信息是进行计算所不可缺少的。当单元数很多时，确定这些数据并把它们输入计算机所占用的工作量是很大的，如果计算的精度要求很高，单元多，节点也多；若计算三维场域则节点 数更多，剖分及输入数据的工作量是相当大的。特别是对计算区域内不同部分精度要求不同时，单元的剖分更复杂，因此，采取自动剖分是非常必要的。

有限元的计算精度 、解题的效率及经济性与有限单元的数量 及分布有直接的关系。在单元剖分中，为了尽可能地压缩存储，减小计算量，提高精度，必须注意以下问题：

（1）三角形各边不要相差太悬殊，避免出现尖锐的三角形；

（2）一个节点周围，不宜集中过多的三角形单元，为压缩存储创造条件；

（3）三角形单元内物理参数变化连续，即媒质交界面应与单元的边界重合；

（4）精度要求不同的区域，元素的密度不同；

(5) 元素节点 编排应规格化。

一、规则平面域的自动剖分

对于平面域的自动剖分方法，其编程的基本思想是：将剖分的单元按相同规律归类，然后用数学归纳法找出每类单元生成、节点生成与节点坐标生成的规律。

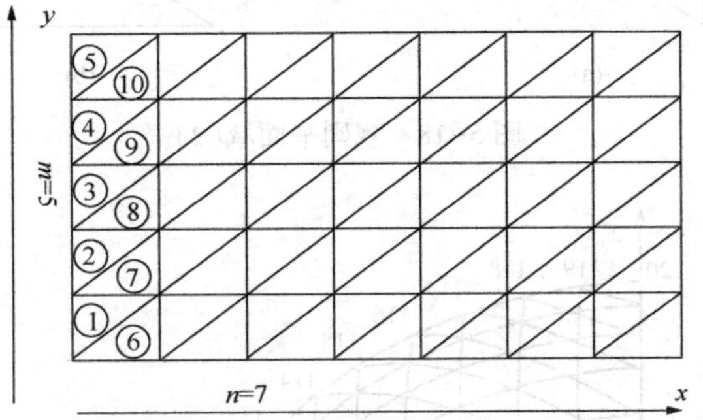

图 5-17 规则平面域(1)

在如图 5-17 所示的场域中，x 方向等分为 n 个区段，y 方向等分为 m 个区段，各线的交点为节点，可以按节点和单元的分布规律进行总体编号，确定各节点的坐标。在等分条件下，只需给出 x，y 方向上两端点的坐标，就可算出所有节点的坐标。

(1) 确定 x 方向、y 方向节点数及总节点数：

x 方向节点数为

$$N_x = n+1$$

y 方向节点数为

$$N_y = m+1$$

节点总数为 $N_0 = (n+1)(m+1)$

(2) 给出各节点的坐标：

x 和 y 方向节点坐标最小值为小 x_1，y_1 最大值为 x_m，y_m，则节点坐标增量分别为

$$\frac{x_m - x_1}{n},\ \frac{y_m - y_1}{m}$$

根据数学归纳法，可推出第 N_i 列 N_j 行的第 N_k 个节点的编号为

$$N_k = (N_i - 1)N_y + N_j$$

式中 $\begin{cases} N_i = 1,\ 2,\ \cdots,\ N_x \\ N_j = 1,\ 2,\ \cdots,\ N_y \end{cases}$

第 N_k 节点的坐标值为

$$\begin{cases} x(N_k) = x_1 + \dfrac{x_m - x_1}{n}(N_i - 1) \\ y(N_k) = y_1 + \dfrac{y_m - y_1}{m}(N_j - 1) \end{cases}$$

(3) 确定三角形单元编号及各三角形单元三顶点(节点)按规定顺序的总体编号。为进行编号，可将三角形单元分为两大类，如图 5-18 所示。

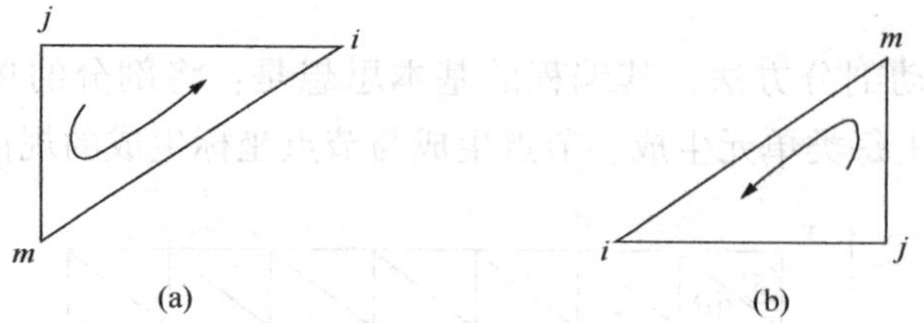

图 5-18　规则平面域(2)

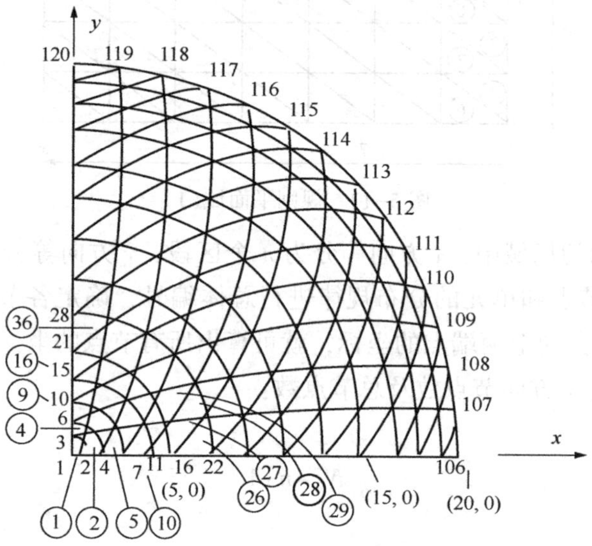

图 5-19　圆形域

b 单元编号 E 与行和列的关系 以及单元 S 的三个节点 I，j，m 的总体编号 与行、列和 E 的关系可归纳如下。

对于图 5-18(a) 中类型的三角形单元，其 E 与行、列的关系为

$$E=2(N_i-1)(N_y-1)+N_j$$

式中　　$N_i=1, 2, 3, \cdots, (N_x-1)$；$N_j=1, 2, 3, \cdots, (N_y-1)$

第 E 个三角形单元的三节点 I，j，m 的总体编号与行、列的关系分别为

$$\begin{cases} I(E)=2(N_i-1)N_y/2+N_y+N_j+1 \\ J(E)=I(E)-N_y \\ M(E)=J(E)-1 \end{cases}$$

同理，对图 5-18(b) 的三角形单元有　$E=2(N_i-1)(N_y-1)+N_j$

式中　　$N_i=1, 2, 3, \cdots, (N_x-1)$；$N_j=1, 2, 3, \cdots, (N_y-1)$

其三节点 I，j，m 的总体编号分别为

$$\begin{cases}I(E)=(2N_i-2)N_y/2+N_j\\J(E)=I(E)+N_y\\M(E)=J(E)+1\end{cases}$$

对于一个矩形场域，要求计算精度相同时，这种剖分方法可以用计算机进行，只要输入少量数据，就可计算得到全部网格单元参数。只要能够给出场域剖分的解析式，单元的自动剖分就可以实现 。

二、圆形域的自动剖分

在二维(平行平面、轴对称)场的分析中，常会遇到边界呈圆或圆弧状的场域，这时采用如图 5-19 所示基于三角元的自动剖分方案是一种简单而又理想的选择。在该方案中，单元和节点编码自最小半径的圆周(含半径为零的圆心)起始，逐个圆周按照逆时针方向如图规范化地连续编排，直至最大半径处的圆周。

注意：周向剖分节点数构成公差的等差级数；周向单元数构成分差的等差级数，则很容易生成所需要的单元和节点信息。

第四节　有限元方程的求解

一、方程组的解法

有限元方法求解需要求解大型方程组，在求解大型方程组的最优算法方面，人们也做了许多工作。如果方程使用了不适当的解法，对分析的总费用的影响是极大的。

有限元计算中形成的离散方程组是带型的稀疏方程组，由于直接法所具有的准确性和可靠性，在方程阶数不太高的情况下，经常选用此法求解。对于较高阶的方程组，特别是对应于当偏微分方程数值求解呈现大型稀疏方程组时，由于直接法计算代价较高，且因舍入误差影响的存在，使得迭代法更具有竞争力。

在有限元的工程应用中，常常会导致高度稀疏的大型代数方程组，所以为寻求更佳的计算效率和经济性，需要讨论系数矩阵的两种有效的紧凑存储方法，即一维变带宽压缩存储法和非零元素存储法，两者将分别应用于直接法和迭代法的求解过程之中。

二、系数矩阵的一维变带宽存储法

一维变带宽存储就是每行只存从第一个非零无素到对角线为止的元素，用两个一维数组 AA 和 IDA 实现按行存储 n 阶对称矩阵 A 的下三角元素的存储方法。

数组 AA 用于按行存放矩阵 A 中第一行从最左边的非零元素到对角线之间的所有元素(含对角线元素及其中间可能存在的零元素)；IDA 数组用于存放矩阵 A 中对角线元素在数组 AA 中的位置。

如果寻找 a_{ij}，若 IDA(i)-(i-j)>IDA(i-1)，则 IDA(i)-(i-j)是 a_{ij}在中的位置。这说明 a_{ij}在第 i 行的第 1 个非零元素的右边，或即为该第 i 行的第 1 个非零元素。

按行存储的基础在于首先确定各行的带宽，所谓带宽是指相应行第 1 个非零元素到该行主对角元素为止的元素个数。显然，第一行带宽 BW1=1，第 i 行带宽

$$BWi=IDA(i)-IDA(i-1)\ (i=1,\ 2,\ 3,\ \cdots,\ n)。$$

以矩阵 A5×5 为例，设

$$A=\begin{bmatrix} a_{11} & & & & \\ a_{21} & a_{22} & & \text{对称} & \\ & a_{32} & a_{33} & & \\ & a_{42} & 0 & a_{44} & \\ & a_{52} & 0 & a_{54} & a_{55} \end{bmatrix}$$

则　AA=(a_{11}，a_{21}，a_{22}，a_{32}，a_{33}，a_{42}，0，a_{44}，a_{52}，0，a_{54}，a_{55})

IDA=(1，3，5，8，12)

若欲寻求 a_{54}，则因 IDA(5)-(5-4)=12-1=11>IDA(4)=8，所以 a_{54}存放在 AA(11)中。

三、非零元素存储技术

稀疏矩阵采用一维变带宽压缩存储方法，虽然已节省了大量的存储单元，但对于子阶数很高的离散方程组，常因带宽内存在较多的零元素而耗费较多的内存。此时，采用非零元素存储技术(即仅存储非零元素)则有许多优点。

第一，存储量节省、经济；

第二，如仅存非零元素，内存也放不下，此时必须借助于外存(如硬盘、软盘等)，而从外存存取数据的速度，一般比从内存存取数据要慢得多，因此，在使用外存的情况下也只希望仅存非零元素；

第三，涉及零元素的操作可以不执行，从而显著地节约了计算时间。

线性表是最简单的稀疏矩阵数据结构。下面以稀疏矩阵

$$A_{5\times5}=\begin{bmatrix} a_{11} & 0 & a_{13} & 0 & 0 \\ 0 & a_{22} & 0 & 0 & 0 \\ a_{31} & 0 & a_{33} & 0 & 0 \\ 0 & a_{42} & 0 & a_{44} & 0 \\ 0 & 0 & a_{53} & 0 & a_{55} \end{bmatrix}$$

为例说明线性表的特点。首先将非零元素按行存放到数组 RE 中，并引入数组 ICOL 记录相应非零元素的列号，同进再增加一个指针数组 IRFR 以给出每个非零元素的行号。这样，RE(i)为第 i 个非零元素的值，ICOL(i)为第 i 个非零元素的列号，IRFR(j)为第 j 行第一个非零元素在 RE 中的位置。这里，i=1，2，…，NZ，而 NZ 为非零元素的个数，j=1，

2，…，N，N为矩阵的阶数。

需要说明的是，IRFR 数组的下标界是$N+1$，即 IRFR($N+1$)表示最后一个(虚拟的)元素存放在第N行末元位置加 1 的位置上(可想像为$N+1$行首元位置)。因此，上述 A5×5 的整个数据结构可由下面的三个数组表示

$$RE=(a_{11}, a_{13}, a_{22}, a_{31}, a_{33}, a_{42}, a_{44}, a_{53}, a_{55})$$

$$ICOL=(1, 3, 2, 1, 3, 2, 4, 3, 5)$$

$$IRFR=(1, 3, 4, 6, 8, 10)$$

当读取非零元素所在地地址时，可按如下步骤：若找 RE(k)，该元素的列号为 ICOL(k)，然后将k与 IRFR 数组中的元素逐个比较，当满足不等式

$$IRFR(i)<=k<=IRFR(i+1) \qquad (i=1, 2, \cdots, N)$$

时，i即为所找元素的行号。

以线性表作为存储方案所需存储量为$2NZ+N+1$，其优点是存储量小、结构简单，但不便于插入和删除。

四、有限元素法与有限差分法的比较

1. 数学方法的不同

有限元素法是基于数学上的变分原理，将所要求解的物理问题化为对泛函求极值的一个变分方程；再利用差分法中的区域划分的离散化方法，并通过元素划分所构造的插值函数，把求解连续的变分方程问题离散化为求解线性方程组。按照这样的有限元素方法来处理物理问题，就不再需要通过建立偏微分方程这一道步骤，并且其物理问题在离散化的整个过程中就始终具有明确的物理意义。

有限差分法来求解物理问题的数值解时，必须首先从物理模型出发，列出相应的偏微分方程及定解条件，然后通过网格划分将偏微分方程的求解问题离散化为对差分方程组的数值求解。

2. 对区域的离散化方法不同

有限元素法采用的一般是三角形划分的方法。这样的划分对节点在区域内的配置方式比较任意，其配置方式可以根据边界条件的情况来选择。这样就可以在边界形状比较复杂时，仍然可以选择边界节点完全处在区域的边界上，从而在边界上可以做到较好的逼近。特别是在由不同介电常数的介质构成的静电场域内求解时，我们可以将节点取在不同介质区域的交界面上，并在电位梯度较大的区域，节点还可配置密一些，以实现较好的计算精度。一般在有限元素法中采用三角划分时，如果三角单元无限缩小，有限元近似解收敛于精确解，近似解的平均导数也收敛于精确解的导数。

在有限差分法中，通常采用的是矩形网络区域划分，因而很难实现网络节点在区域中的配置与边界(不同介质界面)的良好逼近。

3. 计算精度比较

在有限元素法中，实践证明选择三角形不要太狭长，三角形元素边长比越接近 1，计

算得到的数值质量越好。有限元素法的计算精度与 三角形划分时最大三角形边长有关，若精确解有二阶导数，则函数误差与同阶，导数误差与同阶(当趋于无穷小时)。用有限元素法求解物理问题时，它是用统一的观点对区域内的节点和边界节点列出计算格式。这就使得各节点的计算精度总体上比较协调。此外，有限元素法的计算格式中的矩阵具有比较好的性质，即它是一个对称正定的大型稀疏矩阵。这就给求解有限元方程组带来方便。

有限差分法在采用直交网络时其计算精度与矩形最大边长有关，此时列出的计算格式比有限元素法简单方便。而有限差分法则是孤立地对微分方程及定解条件分别列差分方程，因而各节点精度总体上不够一致。

4. *应用范围比较*

在对边界形状规则的求解区域，自然采用有限差分法就比较合适。事实上，有限差分法的适用范围要比有限元素法广泛得多。有很多物理问题目前还不能用有限元素法求解，但是人们总是可以采用有限差分法。特别是在边界形状比较规则时，采用有限差分法是最合适的 。

5. *数学形式以及度计算机的要求*

有限元素法的节点配置比较任意，计算格式要列出来就要复杂得多。但是这些计算格式都可以在电子计算机上自动形成，也容易将程序标准化，因而这并不会影响它的实际应用。但是有限元素法要求的计算机内存量比较大，需要准备输入的数据量也比较大，这是它的缺点之一。

第五节　MATLAB 工具箱在有限元中的应用

用有限元素法计算二维电磁场问题时，编制的计算程序较长，而且比较复杂，输入数据时要花费大量时间。

MATLAB 提供了一个图形用户界面的偏微分方程数值求解工具箱。利用该工具箱，可以交互式地实现偏微分方程数学模型的几何模型建立、边界条件设定、三角形网格剖分和细化、偏微分方程类型设置、参数给定、方程求解和结果图形显示。它包括数值求解的前处理、计算和后处理等一套完整的程序，可以直观、快速、准确、形象地实现偏微分方程的数值求解。

一、偏微分方程工具箱简介

在 MATLAB 命令窗口中输入命令：pdetool，然后单击回车键，显示 PDE 图形用户界面，如图 5-20 所示。

主菜单下是工具栏，工具栏中含有许多工具图标按钮，可提供快速、便捷的操作方式。从左到右 5 个按钮为绘图模式按钮，紧接着的 6 个为边界、网格、解方程和图形显示控制按钮，最右边的为图形缩放功能键(如图 5-21)。

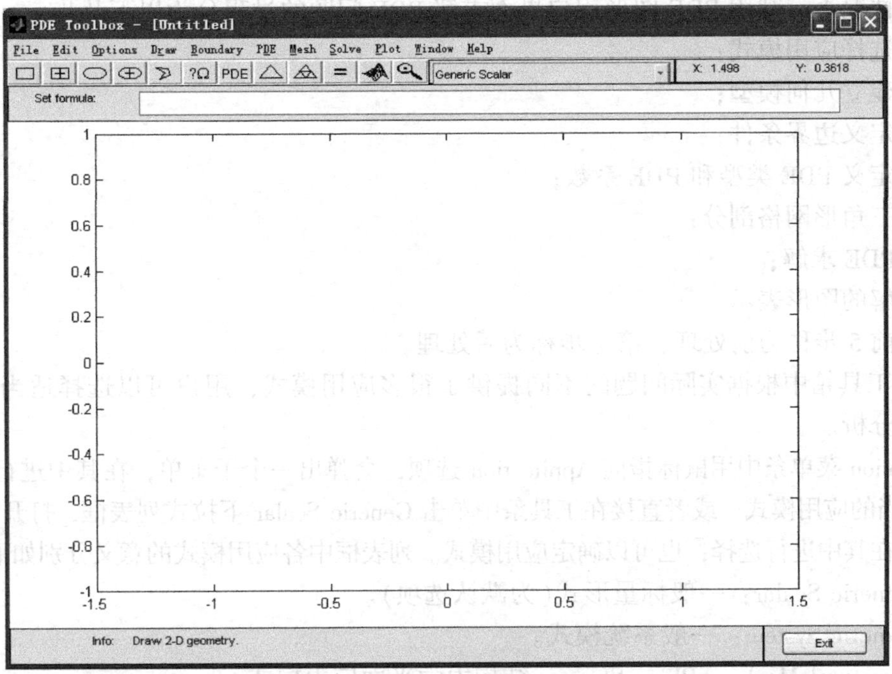

图 5-20 PDE 图形用户界面

图 5-21 工具图标按钮

 以角点方式画矩形/方形(Ctrl+鼠标)。

 以中心方式画矩形/方形(Ctrl+鼠标)。

 以矩形点长轴方式画椭圆/圆(Ctrl+鼠标)。

 以中心方式画椭圆/圆(Ctrl+鼠标)。

 画多边形，按右键可封闭多边形。

 进入边界模式。

 打开 PDE Specification(偏微分方程类型)对话框。

 初始化三角形网格。

 加密三角形网格。

 解偏微分方程。

 打开 Plot Selection 对话框，确定后给出解的三维圆形。

 为显示缩放切换按钮。

一般情况下，利用 PDE 图形用户界面求解 PDE 问题的过程分为以下几步：

（1）选择应用模式；

（2）建立几何模型；

（3）定义边界条件；

（4）定义 PDE 类型和 PDE 系数；

（5）三角形网格剖分；

（6）PDE 求解；

（7）解的图形表示。

其中前 5 步称为前处理，第 7 步称为后处理。

PDE 工具箱中根据实际问题的不同提供了很多应用模式，用户可以选择适当的模式进行建模和分析。

在 Option 菜单条中用鼠标指向 Application 选项，会弹出一个子菜单，在其中进行选择，可以确定适当的应用模式。或者直接在工具条中单击 Generic Scalar 下拉式列表框，打开它如图 5-22 所示。在其中进行选择，也可以确定应用模式。列表框中各应用模式的意义分别如下。

- Generic Scalar：一般标量形式(为默认选项)。
- Generic System：一般系统模式。
- Structural Mech.，Plane Stress：结构力学平面应力模式。
- Structural Mech.，Plane Strain：结构力学平面应变模式。
- Electrostatics：静电场问题应用模式。
- Magnetostatics：静磁场问题应用模式。
- AC Powrt Electromagnetics：交流电磁场问题应用模式。
- Conductive Media DC：直流导电介质问题应用模式。
- Heat Tranfer：热传导应用模式。
- Diffusion：扩散问题应用模式。

二、求解实例

例 5-11 有一个正方形静电场域，电位函数为 $u(x, y)$，边界条件如图 5-23 所示，试求静电场域的电位分布。

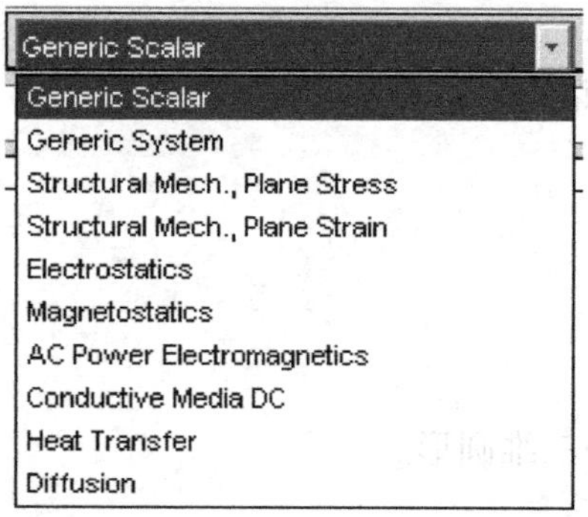

图 5-22 “Generic Scalar”下拉式菜单

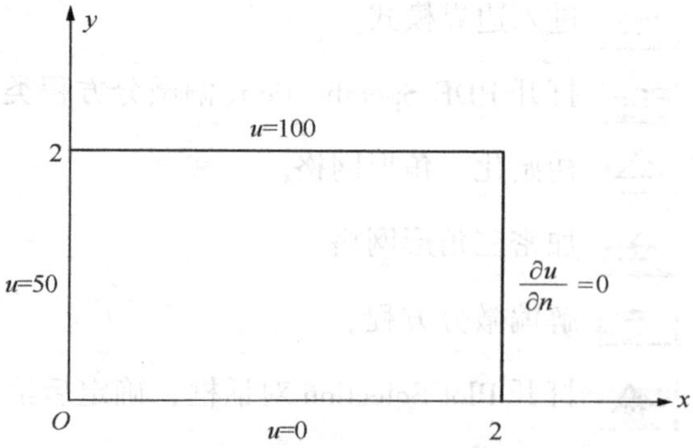

图 5-23 例 5-11 示意图

解：二维静电场域的电位函数 $u(x, y)$ 满足下列边值问题

$$\begin{cases} \dfrac{\partial^2 u}{\partial x^2} + \dfrac{\partial^2 u}{\partial y^2} = 0 \\ u|_{x=0} = 50 \\ \dfrac{\partial u}{\partial n}|_{x=2} = 0 \\ u|_{y=0} = 0 \\ u|_{y=2} = 100 \end{cases}$$

1. 设置应用模式

在工具条中单击 Generic Scalar 下拉列表框，选择 Electrostatics(静电学)应用模式。

2. 建立几何模型

1)网格设置

选择 Opitions 菜单下的 Grid 和 Grid Spacing…，将 X-axis linear Spacings 设置为[-1.5：0.5：2.5]，Y-axis linear Spacings 设置为[-0.5：0.5：2.5]。

2) 区域设置

选择菜单 Draw 下的 Rectangle/square 或单击按钮，画矩形。为了保证所绘矩形为所给的尺寸，在所绘的矩形上双击，打开 Object Dialog 对话框，输入矩形的尺寸(如图 5-24 示)，然后单击 OK 按钮，这样矩形已画好。

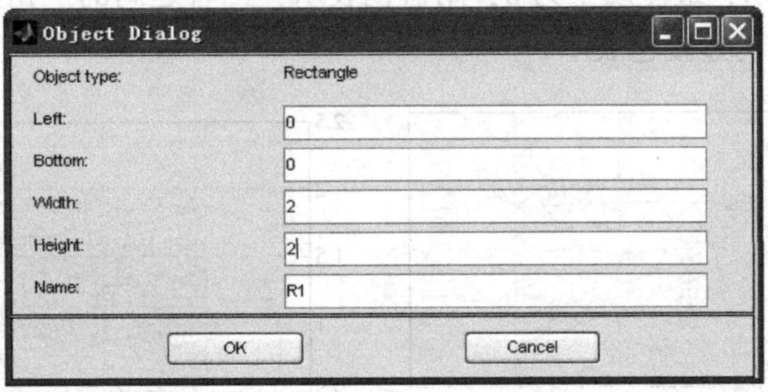

图 5-24 Object Dialog 对话框

3. 设置边界条件

进入 Boundary 菜单下的 Boundary Mode 或单击 ?Ω 按钮，图形边界变红，逐段双击边界，打开 Boundary Condition 对话框(如图 5-25 示)，输入边界条件。

(1) 在左边界，输入 Diriehlet 条件，$h=1$，$r=50$。

(2) 在右边界，输入 Nuemann 条件，$g=0$，$q=0$。

(3) 在上边界，输入 Diriehlet 条件，$h=1$，$r=100$。

(4) 在下边界，输入 Diriehlet 条件，$h=1$，$r=0$。

4. 方程参数设定

在工具条中单击 PDE 按钮或在 PDE 菜单中单击 PDE Specification…选项，打开“PDE

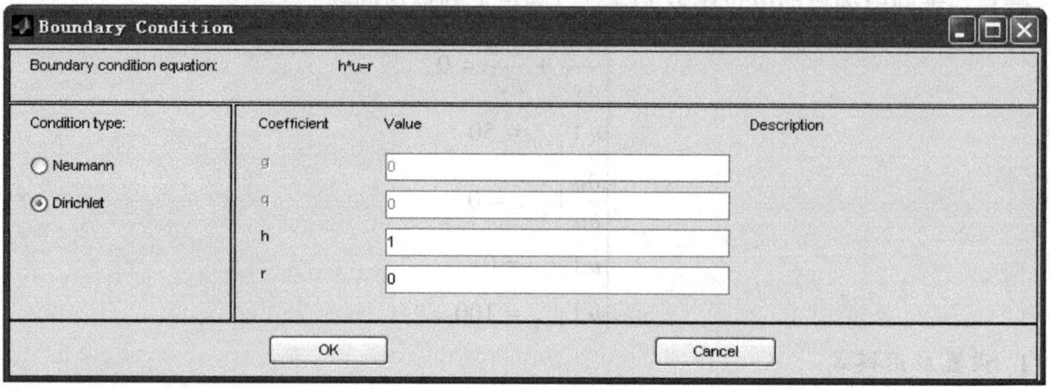

图 5-25　定义边界条件

Specification”对话框，设介电常数为 1，体电荷密度为 0。

5. *网格剖分*

单击工具条中的 或者单击 Mesh 菜单中的 Initialize Mesh 选项，可进行初始网格剖分，如图 5-26 所示。

如果需要网格加密，再单击 或 Mesh，或者单击 Mesh 菜单中的 Refine Mesh 选项，如图 5-27 所如此还可继续加密。在 mesh 菜单中选择 Jiggle mesh 选项，可以对网格进行微调。选择 Display Triangle Quality 选项，将显示三角形的质量图。图中将三角形的最好质量定为 1，并用红色表示，最差质量为 0，用蓝色表示，二者之间的三角形质量根据质量得分的大小用红色和蓝色的过渡色表示。

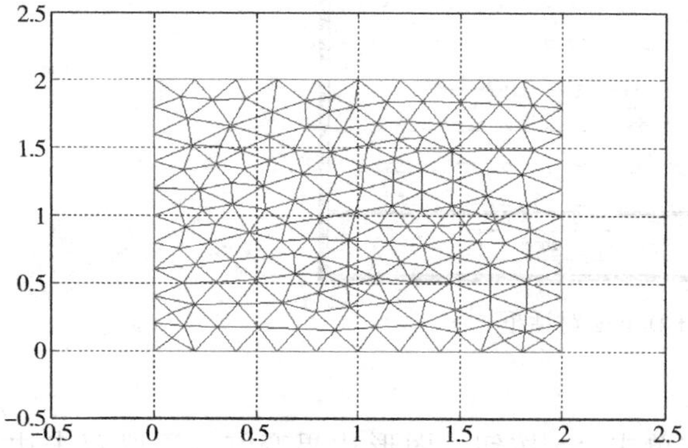

图 5-26　网格剖分

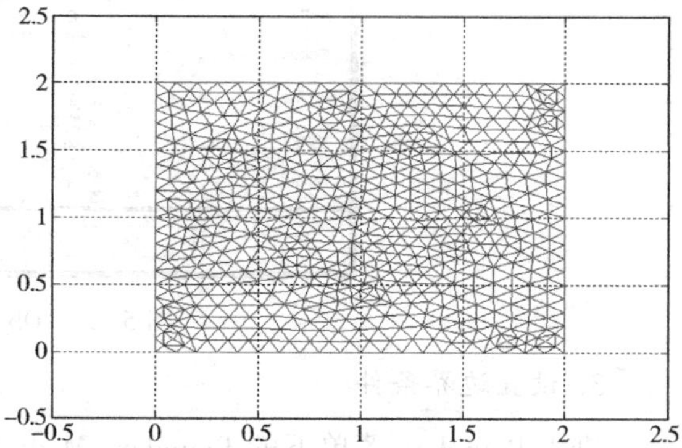

图 5-27　网格细分

6. *解方程*

单击工具条中的 = 或者单击 Solve 菜单中 Solve PDE 选项，可显示方程解。如果单击 Plot 菜单中的 Parameters…选项，出现 Plot Selection 对话框，如图 5-28 所示，从中可以选择有关参数，还可以设置等值线的数目等。本例中选择 Color，contour 和 Arrows 三项，然后单击 Plot 按钮，画出了电位的等位线和电场线分布图(图 5-29)，选择 Color，height(3-Dplot)，plot in x-y grid 和 Show mesh 四项，单击 Plot 按钮，画出了电位的三维曲面图(图 5-30)。

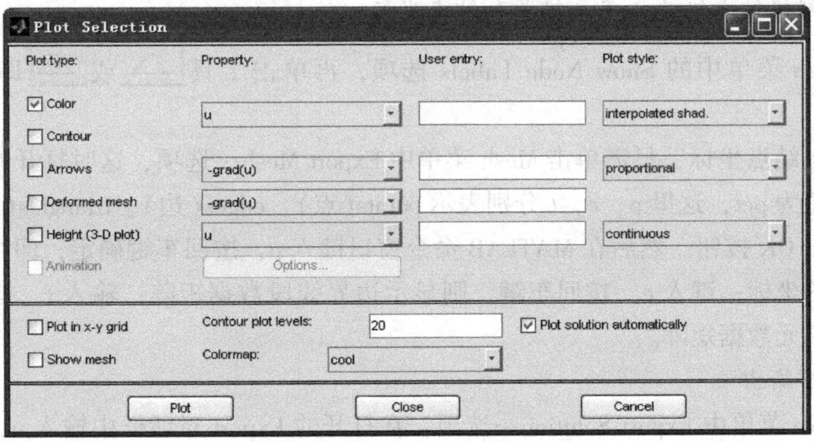

图 5-28　Plot Selection 对话框

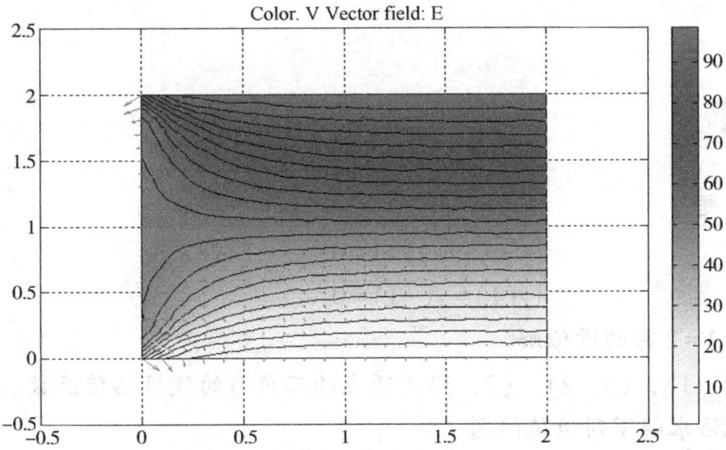

图 5-29　电位的等位线和电场线分布图

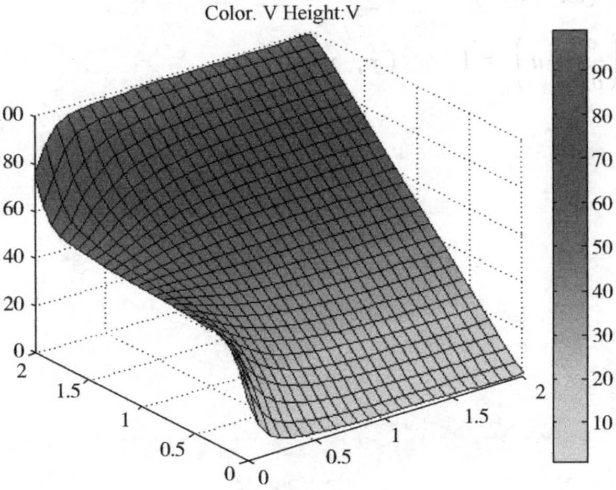

图 5-30　三维电位曲线图

7. 输出网格结点编号、单元编号和结点坐标

单击 Mesh 菜单中的 Show Node Labels 选项，再单击工具或即可显示结点编号。

若要输出结点坐标，只需单击 Mesh 菜单中 Export Mesh…选项，这时打开的 Export 对话框中的默认值为 pet，这里 p，e，t 分别表示 points(点)、edges(边)、triangles(三角形)数据的变量，单击 OK 按钮。然后在 MATLAB 命令窗口键入 p，按回车键确定，即可显示出结点按编号排列的坐标；键入 e，按回车键，则显示边界线段数据矩阵；输入 t，按回车键，则显示三角形单元数据矩阵。

8. 数值解输出

单击 Solve 菜单中 Export Solution…选项，在打开的 Export 对话框中输入 u，单击 OK 按钮确定。再在 MATLAB 命令窗口中输入 u，按回车键确定，即显示按结点编号排列的解的数值。

习 题

1. 对边值问题

$$\begin{cases} y''+(1+x)y+1=0 & -1<x<1 \\ y(1)=y(-1)=0 \end{cases}$$

用里兹法取 $N=2$ 时的近似解。

2. 计算以(1，1)，(3，2)，(2，3)为顶点的三角形的线性插值函数。

3. 用有限元法求解下列边值问题

$$\begin{cases} -\left(\dfrac{\partial^2 u}{\partial x^2}+\dfrac{\partial^2 u}{\partial y^2}\right)+2u=xy & x,\ y\in D=(0,\ 1)\times(0,\ 1) \\ \left(\dfrac{\partial u}{\partial xn}+u\right)_L=1 & (x,\ y\in L) \end{cases}$$

参考文献

[1] 郭立新，李江挺，韩旭彪编著．计算物理学[M]．西安：西安电子科技大学出版社，2009.

[2] 顾昌鑫主编．计算物理学[M]．上海：复旦大学出版社，2010.

[3] 彭芳麟．计算物理基础[M]．北京：高等教育出版社，2010.

[4] 马西奎编著．电磁场理论及应用[M]．西安：西安交通大学出版社，2001.

[5] 金建铭．电磁场有限元方法[M]．西安电子科技大学出版社，1998.

[6] 何红雨．电磁场数值计算法与 MATLAB 实现[M]．武昌：华中科技大学出版社，2005.

[7] 陆君安，等编著．偏微分方程的 MATLAB 解法习题[M]．武昌：武汉大学出版社，2001.

[8] 张德丰编著．MAYLAB 数值分析与应用[M]．北京：国防工业出版社，2007.

[9] 杨志明编著．计算方法及其 MATLAB 实现[M]．西安：西安电子科技大学出版社，2009.

[10] 苏金明编．MATLAB 实用教程[M]．北京：电子工业出版社，2007.

[11] 刘寅立，等编著．MATLAB 数值计算案例分析[M]．北京：北京航空航天大学出版社，2011.